未來科學拯救隊 1

血紅番茄爭奪戰

梁添 著

新雅文化事業有限公司
www.sunya.com.hk

未來科學拯救隊①
血紅番茄爭奪戰

作　　者：梁添
繪　　圖：山貓
策　　劃：黃楚雨
責任編輯：黃楚雨
美術設計：蔡學彰
出　　版：新雅文化事業有限公司
香港英皇道499號北角工業大廈18樓
電話：（852）2138 7998
傳真：（852）2597 4003
網址：http://www.sunya.com.hk
電郵：marketing@sunya.com.hk
發　　行：香港聯合書刊物流有限公司
香港荃灣德士古道220-248號荃灣工業中心16樓
電話：（852）2150 2100
傳真：（852）2407 3062
電郵：info@suplogistics.com.hk
印　　刷：中華商務彩色印刷有限公司
香港新界大埔汀麗路36號
版　　次：二〇二一年七月初版

ISBN: 978-962-08-7787-2

18/F, North Point Industrial Building, 499 King's Road, Hong Kong
Published in Hong Kong, China
Printed in China

STEM

目錄

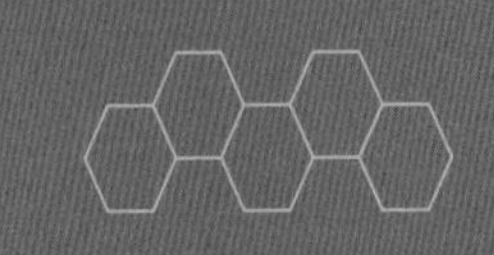

作者的話

梁添博士

學生的科學概念並非白紙一張，有時會一知半解，有時會受到「偽科學」資訊所影響，從而帶着各樣科學迷思概念 (misconception) 進入課堂，影響學習成效。有教學研究指出，學生的科學迷思概念難以改變，但很容易被教師忽略，也很容易存在於成積優異的學生心中。

不少學者及教師先後提出過各種策略促進學生修正科學概念，筆者一向是科幻小說迷，故嘗試創作以小學生為對象的科幻故事《未來科學拯救隊》，以 60 年後的未來時空為背景，以三位充滿個性的小朋友為主角，加入豐富的插圖，希望幫助讀者建構正確的科學概念，減輕他們害怕科學的心理，並培養閱讀興趣。

筆者在創作期間參考了眾多有關科學迷思概念的論文研究成果，得悉幫助學生改變迷思概念需要滿足四個條件：(1) 學生在生活中上因為認知上的衝突，心中的迷思概念無法解釋所遇到的現象，從而感到不滿意；(2) 由專家引入正確的新科學概念；(3) 新概念合理，能夠解釋學生遇到的現象，讓他們替代先前的迷思概念；(4) 新概念具有延伸性，可應用於其他不同的情境。以上這些元素筆者已充分融入內容情節中，希望讀者能感受得到。

筆者在一冊的十個章節前後也加入了小專欄，讀者固然可以一氣呵成閱讀整個故事，也可以在閱讀每一個章節前和後，進行自我前測和後測，看看自己有沒有發生「概念改變」，還可以進行親子實驗活動，以鞏固「概念改變」啊！

推薦序（一）

黃金耀博士

（香港資優教育學苑院長、香港 STEM 教育學會主席）

我認識梁添博士多年，他除了熱衷帶領學生參加各項 STEM 比賽，還在香港新一代文化協會科學創意中心過去主辦的九屆「香港青少年科幻小説創作大賽」中，擔任評審、小説創作工作坊主講嘉賓以及出任作品集的義務主編，積極推動香港學界創作科幻小説之風。

今年欣聞梁博士「評而優則寫」，初試啼聲，創作了未來時空的烏托邦科幻故事，希望幫助讀者改變科學迷思概念，於是我第一時間把作品先睹為快，果然與坊間一般兒童奇幻故事顯著不同。故事內容注重科學根據，對未來科幻因素的描述與解釋也較為詳盡，是有可能發生的預言式作品，能夠讓讀者掌握科學發展的趨勢，流露出作者具有物理學本科背景知識的特色，令讀者在閱讀過程中，好像自己從各種實證方法中獲得「經驗 —— 分析」的科技知識，滿足了自己對控制生活世界所需技術的興趣（來自哈伯馬斯 Habermas 興趣理論），繼而進一步讓讀者思考「科學能為我們做什麼？」

專家判斷一本兒童科學讀物是否優良，有三個簡單的原則：(1) 由科學家的角度看，書中的科學概念是正確的；(2) 由非科學家的角度看，書中的科學概念是清楚可懂的；(3) 由孩子的角度來看，書中清楚的科學概念為他們所能理解與吸收。我分別以科學家、非科學家及孩子的角色閱讀梁博士的作品，確實符合以上三個原則。梁博士從事科學教學多年，對兒童各項科學迷思概念有充分的認識及理解，我誠意推薦本書給各位同學。

推薦序（二）

李偉才博士（李逆熵）
（香港科幻會前會長）

首先恭喜梁添兄的新作面世。

我是科學兼科幻發燒友，多年來透過不同途徑從事科學普及工作，也致力推動科幻的閱讀和創作。一直以來，我都強調科幻的任務不在於傳播科學知識（這是科普的任務），而是激發讀者對科學的興趣和對未來的想像，特別是反思科學應用對社會可能帶來的影響。

最近收到梁兄傳來的作品，令我對「科普與科幻各司其職」的看法有了點改變，因為這作品的體裁，確實介乎科普與科幻之間。若要為它起一個名稱，我會稱為「故事化科普」。

科普創作用上故事形式已有悠久的歷史，天文學家刻卜勒於 1634 年發表的《夢境》，便借助故事向讀者介紹當時最新的天文知識。較近是物理學家蓋莫夫於上世紀三十至五十年代所寫的《湯普生先生漫遊物理世界》系列。再近一點，物理學家霍金除了較嚴肅的科普著作外，也曾與女兒露茜合著了《喬治探索宇宙奧秘》兒童故事系列。

梁兄的作品與上述作品性質相同的地方是彼此都採用了故事的形式；相異之處則在於，上述作品都集中於一個科學領域，例如蓋莫夫的物理學和霍金的天文學，但梁兄作品中所涉獵的領域則廣泛得多，上至天文下至地理、從物理到化學到生物等無所不包。

其實，我的科普文集也喜歡採取這種不拘一格的跨領域手法（如《論盡科學》和《地球最後一秒鐘》），但沒有把內容以故事形式串連起來。梁兄的「故事化」方法可說是別開生面的嘗試，讀者在追看故事情節的同時，也可沿途吸收各種各樣饒有趣味的科學知識，可說一舉兩得。這種體裁會否被兒童讀者所接受，留待時間的考驗。

香港從事科普寫作的人太少了，歡迎梁添兄以別開生面的方式加入這個行列！

推薦序（三）

湯兆昇博士
（香港中文大學物理系高級講師、理學院科學教育促進中心副主任）

梁博士是一位充滿教育熱誠的老師，多年來用許多富創意的手法，引導年青人學習科學。綜觀現今香港 STEM 教育活動多涉及編程及機械控制等實用技術，甚少觸及基礎科學原理，難以與常規課程連繫，惟梁博士設計的 STEM 活動，能讓學生感受到基礎科學對世界的影響，以活潑的方法學習箇中原理。梁博士更透過科學比賽及各類活動，向廣大教育同工傳授 STEM 活動的心得，實在難能可貴。

梁博士一向熱衷於推廣科幻小説，曾多次擔任科幻小説創作的評審及作品編輯。今次率先拜讀他的科幻故事新作，甚感驚喜。新作描述未來少年人的科學歷險，情節豐富吸引，亦包含了各個學科的知識，細節的解釋深入淺出。透過故事中的對話，讓小朋友反思不同説法是否合理，從而澄清一些常見誤解，引入正確的科學原理，處理細節的用心，非坊間一般作品能及。雖然本系列的對象只是小學生，但也大膽觸及不少複雜的課題，例如月相與月升時間的關係、呼吸令空氣成分的轉變、光合作用、味覺的來由等等。看到梁博士對這些課題的淺白解釋，感覺煥然一新，相信定能吸引不少富有好奇心的小讀者。我個人期望梁博士的嘗試能開創先河，引領更多教育工作者運用創意，為香港的 STEM 和科學教育帶來新氣象。

地球曆・公元 2080 年。
隨着科技飛躍進步，世界已經全面電腦化，汽車也發展成磁浮交通工具。
WELC

需要體力和腦力的工作，全面改用 AI 及機械人代勞。
上世紀的萬維網進化成萬能網，資訊能以極高速流通。
萬能網 WMW

由於人力需求減少，無論上班或上學，都改為「上班一天、休息一天」的模式。市民講求「平衡工作和生活」，所以這制度深受歡迎。
請一天假，便可以連續休息三天！
TOY

人類也開始移居到月球，解決了土地資源不足的問題。
月球見！

在這樣的未來世界，人們生活應該完美無憂。但是……

由於市民過分依賴電腦，而且人人都可在網上發布資訊，所以資訊真假難分。
月亮從東方還是西方升起？
植物會不會呼吸呢？
科學知識更混合了大量迷思概念，導致社會出現各種科學罪案和危機。

於是社會上出現大量科普活動，聲言要提升市民科學水平。
問科學
麥理爸爸物理教室
STEAM
地月盃科技發明大賽

有一位低調的科學家，一直默默地發表科學文章……
拆解科學迷思概念

可是，他發出的文章幾乎沒人看。
直至有一天……
AM博士！不得了！有大事發生了！

我終於有機會拯救世界了吧！
拆解科學迷思概念，拯救未來的任務正式開始！

未來科學拯救隊 人物介紹

AM博士（AM=Anti-Misconception 拆解科學迷思概念）

身分： 少年未來科學拯救隊統帥（隊員招募中！）

成就： 論文《血紅番茄的初步研究成果》登上《萬能科學報》

口頭禪：「我要推動全民科學！」「拆解科學迷思概念課程現在開始！」

AI DOG

身分： AM 博士的電子寵物兼秘書

功能： 連接萬能網、飛行、投影立體影像、人臉辨識等

施丹 (STEM)

身分： 熱血高級科技小學學生、施汀的哥哥

口頭禪：「很累……我要休息一下……」

施汀 (STEAM)

身分： 熱血高級科技小學學生、施丹的妹妹

口頭禪：「好浪漫啊～好美妙啊～」

高鼎 (CODING)

身分： 熱血高級科技小學學生

口頭禪：「讓我到萬能網搜尋一下。」

1 磁浮交通世紀大混亂

～槓桿一定省力嗎？

破解「槓桿」迷思概念挑戰題

以下有關「槓桿」的迷思，你認同嗎？

在適當的方格裏加✓吧！

	是	非
A. 所有槓桿必定可以省力。	☐	☐
B. 剪刀是應用槓桿原理的工具，長刀刃的剪刀比短刀刃的剪刀較省力。	☐	☐
C. 槓桿有三類，以支點、重點或力點的位置來劃分。	☐	☐
D. 我們有時為求方便，會使用一些更費力的槓桿，例如鑷子、麪包夾。	☐	☐
E. 力點在支點及重點之間的槓桿，必定省力。	☐	☐

正確資料可在此章節中找到，或翻到第 144 頁的答案頁。

各位小朋友：

22 世紀即將來臨，各位未來的主人翁，當你看着滿天都是磁浮飛行器，滿街都是 OLED 大屏幕的時候，你在想什麼？大家應該反思世上萬物蘊藏着什麼科學原理！

AM 博士

施丹：又來了，大清早就收到什麼 AM 博士莫名其妙的信息！

施汀：我第一時間就把它刪去了，才不知道他是誰。呀！哥哥你看看這屏幕，有特別新聞報告……

2080 年 3 月 24 日 07:00 **特別新聞報告** 星期日（工作日）農曆三月初四

交通大混亂！請市民盡早出門！

今晨本市受超級太陽風暴侵襲而導致停電，所有磁浮飛行器停駛，地球與月球的通訊系統也無法運作！

這是有史以來最大型磁浮交通事故，交通局正在調查原因。

AI 報道員在說什麼？我聽不明白啊！
不管她在說什麼，現時最嚴重的是我們不能乘磁浮巴士上學啊！

兩兄妹來到街上，果然一片混亂！市民被困磁浮飛行器內，全部動彈不得！

施丹：和新聞報道說的一樣！沒有巴士，即是今天不用上學了！

施汀：今天的課堂很重要，我們不可以曠課！**我們走路吧！**

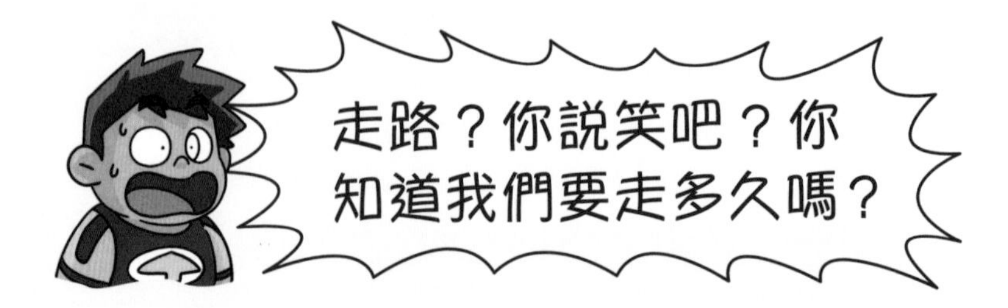
走路？你說笑吧？你
知道我們要走多久嗎？

你就走路當減肥吧！你看，
高鼎同學已在前面了！

施丹：高鼎！你不要只懂低頭走路啊！你計過走路回校要多久嗎？

高鼎：原本磁浮巴士的車程是五分鐘，根據智能手錶的地圖顯示，我們沿着車路走，需要一小時。跟着走就沒問題⋯⋯

施丹：**一小時？當然有問題！**快到萬能網尋找捷徑吧！

施汀：高鼎，你不是付費把地圖程式升級了嗎？你試試啟動虛擬立體街景導航地圖，再查一查「規劃路徑」吧！

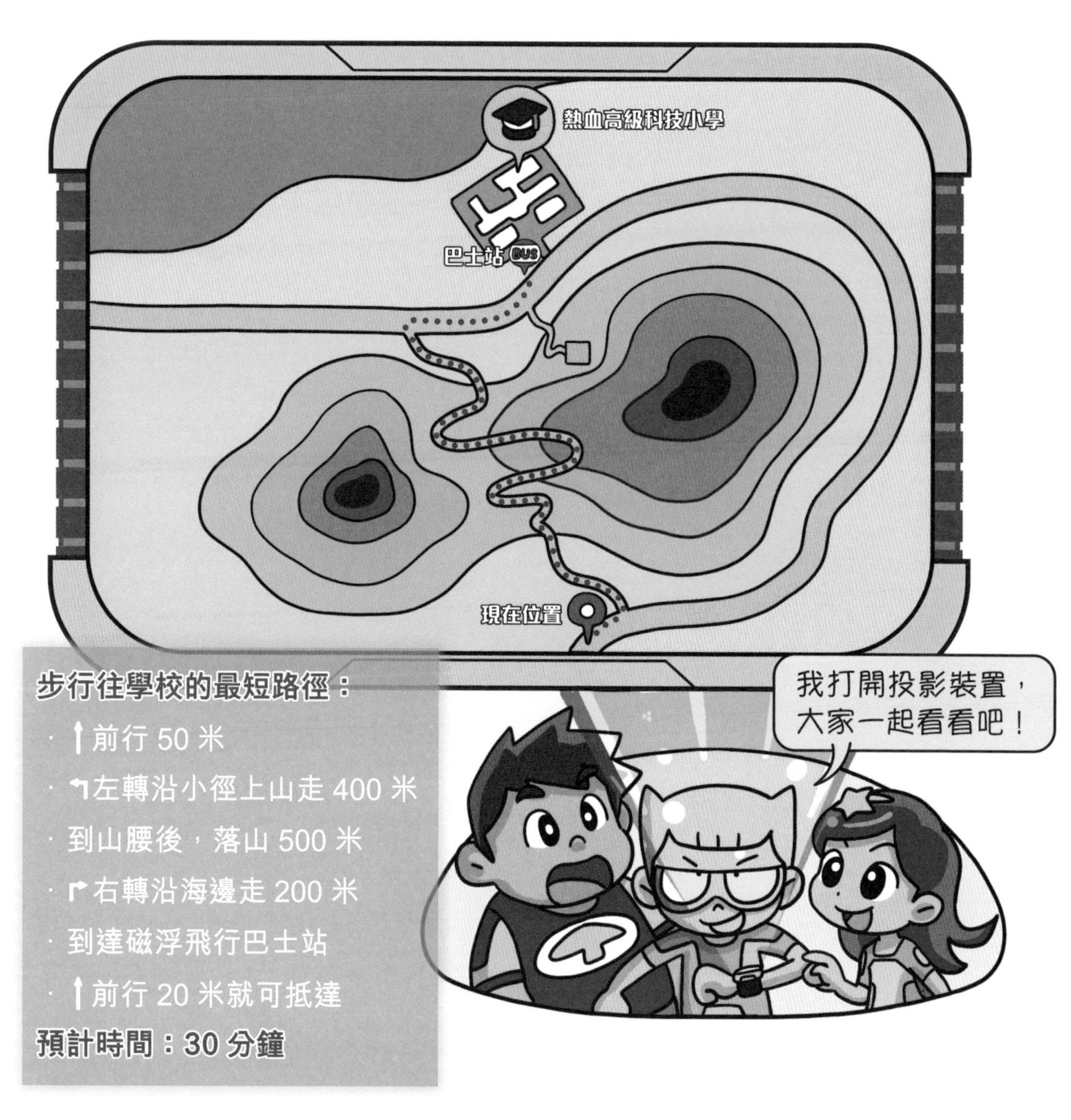
熱血高級科技小學
巴士站
BUS
現在位置
步行往學校的最短路徑：
· 前行 50 米
· 左轉沿小徑上山走 400 米
· 到山腰後，落山 500 米
· 右轉沿海邊走 200 米
· 到達磁浮飛行巴士站
· 前行 20 米就可抵達
預計時間：30 分鐘
我打開投影裝置，
大家一起看看吧！

施丹
30 分鐘！果然有一條比磁浮巴士的路線更短的捷徑！

施汀
但是要爬山啊，我最怕蛇蟲鼠蟻……高鼎同學你帶頭吧，我走中間。哥哥你最慢，你殿後！

高鼎
好的，我只要跟着導航系統來走，就不會迷路。

30分鐘後……

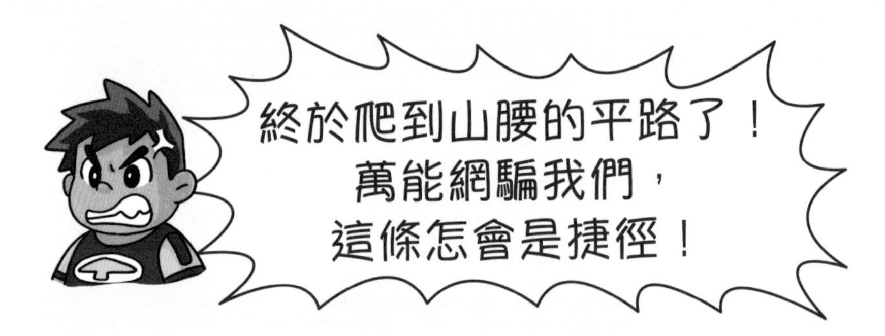
終於爬到山腰的平路了！
萬能網騙我們，
這條怎會是捷徑！

高鼎：施丹，萬能網沒有騙我們，只是它估計不到你上斜路這麼慢吧。施汀早爬上來了，正在遠處看風景……

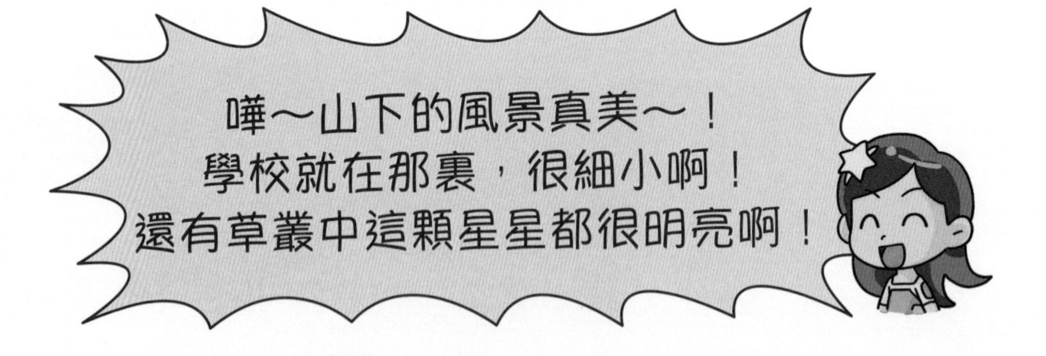
嘩～山下的風景真美～！
學校就在那裏，很細小啊！
還有草叢中這顆星星都很明亮啊！

高鼎
施汀你在說什麼？草叢怎會有星星？

施汀
哦？那麼這些閃着的藍光是什麼？不會是蛇吧？

施丹
傻瓜！蛇的眼睛怎會發出藍光呀？這一定是……是……

嘩～！是人啊～～！

高鼎
他他他他是活人還是死人⋯⋯？

施丹
別別別猜了⋯⋯不如我們下去翻轉他看看⋯⋯

我們試試托着他的肩膊和腰部，
一同施力，把他翻轉吧！
先說清楚，我沒氣力的，可能幫不上忙。
他的頭髮很髒，我不想碰他啊！

高鼎：我拾到一塊大木板。那就不用碰他了！

施丹：好！把大木板鑽入他腹部下面的泥土中，同時施力吧！

施汀：對啊！這是鄧老師教過的槓桿，可以省力的！

施力

施丹：聽我倒數：三、二、一，向上托！

施汀：好重！根本沒有動過！向上托要用力，怎會省力？

施丹：你說得對，我們的施力方法有問題！應該向下壓！重新開始，倒數：三、二、一，向下壓！

施力

高鼎

呀……一樣沒有用，究竟欠缺了什麼呢？

施汀

我記得了！鄧老師教過，使用槓桿時需要有一個支點！

施丹

我們快找石頭，放在木板下，作為支點吧！

高鼎

石頭找來了！那麼……應該放在木板下哪一處？

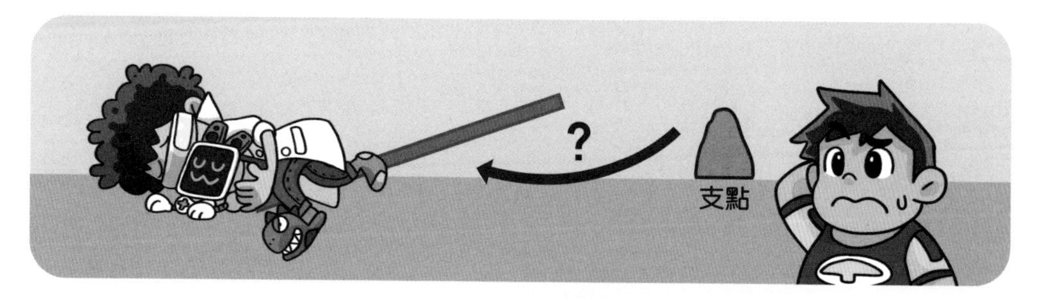
?
支點

施汀

不知道啊！把石頭放近我們吧！

施丹

好！向下壓！

施力

三人出盡了氣力，但仍然不能把那白衣人翻轉過來……

施汀

嘩～比剛才更重！騙人的！槓桿完全不可以省力！

高鼎

說起來……我想起，今早收過一個關於槓桿的信息，發信人叫什麼 AM 博士的……呀！就是這個信息！

AM 博士
告訴你！

三類型槓桿大剖析

槓桿有不同的種類，有些能省力、有些反而費力！大家要懂得分類！

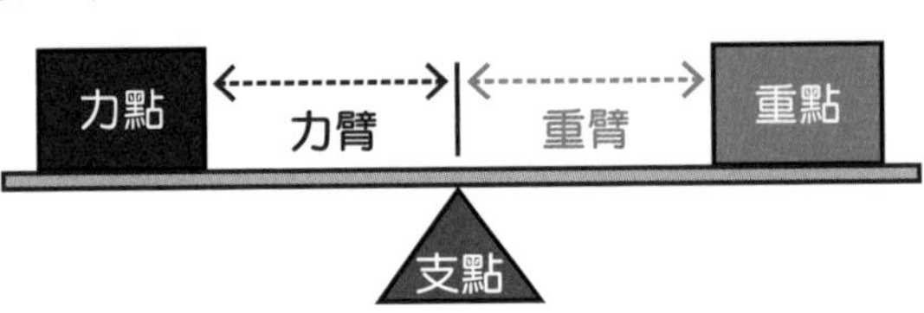
力點
力臂
重臂
重點
支點

力點：施力的地方　　**支點**：支撐的地方　　**重點**：放置重物的地方

力臂：支點與力點的距離　　**重臂**：支點和重點的距離

第一類型槓桿：支點在中間

能否省力？：視乎力臂是否比重臂長

(1) 力臂＞重臂：可省力

(2) 力臂＝重臂：相同力

(3) 力臂＜重臂：費力

例子：剪刀

支點
力點
重點

第二類型槓桿：重點在中間

能否省力？：力臂必定長於重臂，必定省力。

例子：核桃夾

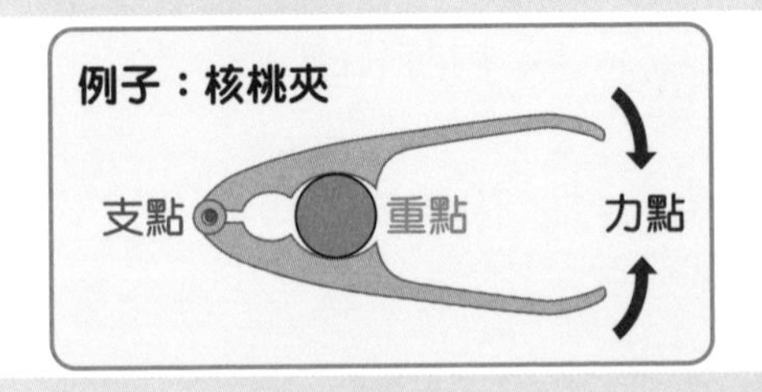
支點
重點
力點

第三類型槓桿：力點在中間

能否省力？：力臂必定短於重臂，必定費力。（但使用時比較方便）

例子：鑷子

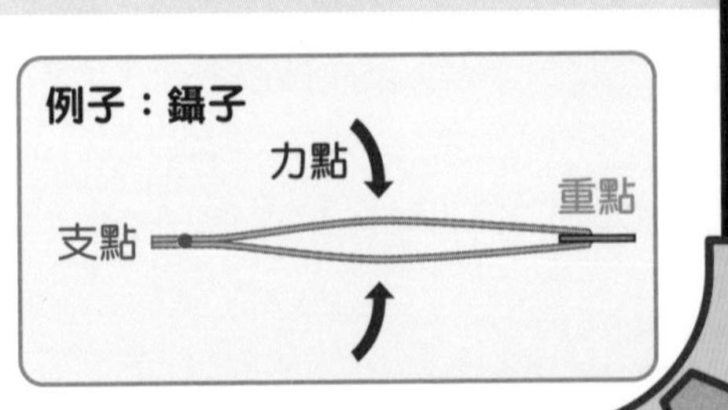
力點
重點
支點

根據這一份資料所說，石頭是支點，我們用力的地方是力點，這白衣人就是重點。支點的位置在中間，所以我們正在使用第一類型槓桿！

只要「力臂」長於「重臂」，就可省力。而且「力臂」越長、「重臂」越短，就越省力。所以，石頭應該盡量遠離我們！

這些資料可不可靠的？不是垃圾信息來嗎？

哥哥，現在沒時間懷疑和爭論了！

就把石頭移近這個白衣人的一邊，我們再倒數吧！三、二、一，向下壓！

施力

三人終於把那白衣人翻轉過來！然後……**大家都被嚇到張大了嘴巴！**

嘩～**這是血嗎**？

待續→2.

AM 博士
實驗室

槓桿進階小實驗

可以在家中試試啊！

1. 看誰力量大？

所需工具：房門　　　所需人數：2 人

二人分別站在房門的內外兩面，一人頂着門邊（約門鉸外 0.8 米的位置），另一人在門的另一方，於不同位置（右下圖 A、B、C 三點）用力推門。

目的：比較哪一點可用最小的力把門推開？哪一點要用最大的力？

0.8 米

A
B
C

2. 天平 DIY

所需工具：直尺、小盒子、2 件重量不同的物件（如橡皮和小球）

自製天平，作第一類型槓桿的實驗。以直尺作主體，小盒子作支點，較重的物件放在直尺的一方作為重點，較輕的放在另一方作為力點。

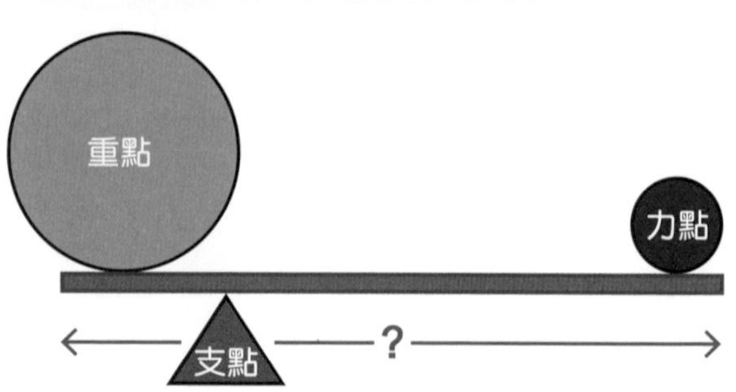
重點
力點
支點
?

目的：探究並計算怎樣移動支點位置，可以用較輕的物件平衡較重的物件。

2 搶救 AM 博士

~人類呼吸時吸入氧氣，呼出二氧化碳？

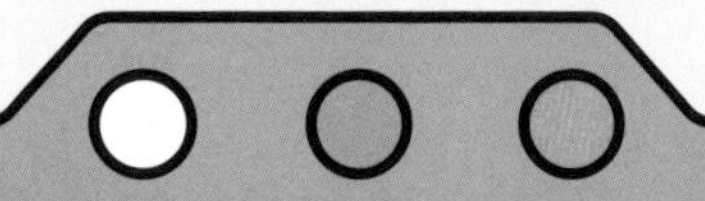

破解「呼吸」迷思概念挑戰題

以下有關「呼吸」的迷思，你認同嗎？

在適當的方格裏加✓吧！

	是	非
A. 人體呼吸時，吸入最多的是氧氣。	▢	▢
B. 人體從肺部呼出來的氣體全部都是二氧化碳。	▢	▢
C. 地球大氣層成分最多的氣體是氧氣	▢	▢
D. 用口吹脹氣球後，氣球內最多的氣體是二氧化碳。	▢	▢
E. 當救護人員為了拯救突然停止呼吸的傷者而進行人工呼吸時，他們從肺部呼出的空氣仍有氧氣，可以拯救傷者。	▢	▢
F. 在地球大氣層內，二氧化碳與氧氣的成分相同。	▢	▢

正確資料可在此章節中找到，或翻到第 144 頁的答案頁。

三人把白衣人的身體翻轉後一看，都嚇得張大嘴巴！

施汀

嘩～這張臉很可怕！

高鼎

他身上都是紅紅的液體，這是血嗎？

施丹

高鼎，我們快透過萬能網求救，召喚救護員來吧！

高鼎開啟「急救通」程式，把白衣人的相片上傳後，應用程式馬上有回覆了！

9314：我是急救員 9314，相片已清楚顯示了你們身處的地點。

9413：我是急救員 9413，有個壞消息告訴你們：因為交通大混亂，我們無法趕來現場！

施汀

吓？那怎麼辦？

9314：但我有個好消息告訴你們：現在傳送急救體驗套裝。你們只要跟着虛擬導師做人工呼吸，就可以進行急救了！

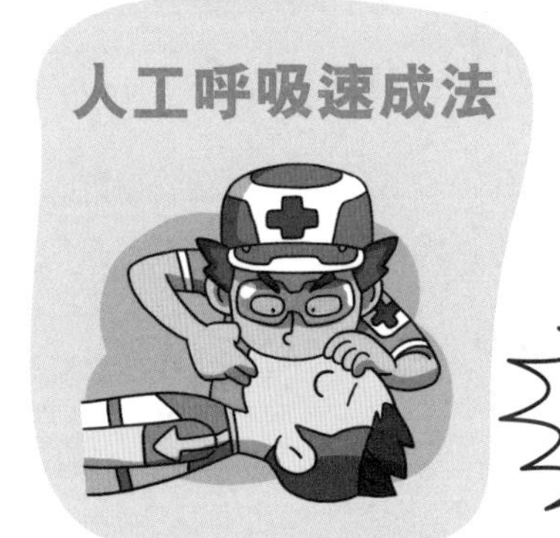
人工呼吸速成法

親自進行人工呼吸？

我要獻出初吻？

9413
別急慢！傷者可能已停止呼吸了，救人要緊啊！

施丹
等等……我反對！**人工呼吸是沒有用的！**

我們每次呼吸，都是吸入氧氣，呼出二氧化碳。當我幫傷者做人工呼吸時，吹入他身體的全是我呼出來的二氧化碳，那有什麼用呀？

9413
你這個小鬼別問這麼多了，跟着做就行！

施汀 怎可以這樣輕率！而且他滿身都是血，好可怕……

吵死了！你們可以靜一點嗎？
嘩！死人復活了！

AM博士
死人？我 AM 博士一日未振興全民科學，又怎會死掉？我只是小睡一下罷了，就是你們把我吵醒！

9314
AM 博士？原來你就是那個傳聞中的怪博士！

AM博士

什麼怪！我就是 Dr. Anti-Misconception，**拆解科學迷思概念的專家！**簡稱 AM 博士！

施汀

AM 博士？我記得了！我們總是收到一些不明所以的科學信息，就是你發過來的嗎？

AM博士

正是我！你竟然記掛着我的信息，真令人感動！

施汀

不，我早已訂閱科普達人「麥理爸爸」的文章，好看得多了。你的無聊信息我用 0.5 秒就刪掉了。

施丹

我比施汀更快，我用了 0.1 秒。

AM博士

那不是無聊信息，是我的心血來的！是我振興全民科學的第一步！你們不懂珍惜，真令我心痛！

9314

AM 博士，你醒來就好了。你可以說說剛才發生什麼事嗎？

好，大家聽清楚吧。今早太陽風暴令磁浮通道的電壓突然升高而停電，我發現事態不尋常，可能是人為破壞磁浮飛行交通和地月星際通訊系統，令地球無法與月球風暴洋地區通訊。故此，我上山調查電能輸送裝置……

你可以說快些重點嗎？

AM博士

突然間，裝置出現一次電擊！雖然打不中我，但把我嚇一跳了，跌倒在草叢中。又因為草叢太舒服，所以我索性小睡一下。

高鼎

我聽到重點了，AM 博士應該只是跌了一跤而暈倒了。

施汀

那麼，AM 博士你手上發出藍光的東西是什麼？

AM博士

這是 AI DOG，我的電子寵物兼秘書……咦？為什麼沒反應？是摔壞了嗎？AI DOG 答答我！

施丹

AM 博士！你應該要感激我妹妹，如果不是她發現滿身鮮血的你。也許你真的要在這裏長睡不起了！

AM博士

這些不是血！那是我研究的新品種「血紅番茄」所搾出來的果汁，健康又美味啊！

9413

你們爭吵完沒有？今日已夠混亂，別阻礙我們去支援其他市民。小朋友，你們之後記得練習人工呼吸啊，再見。

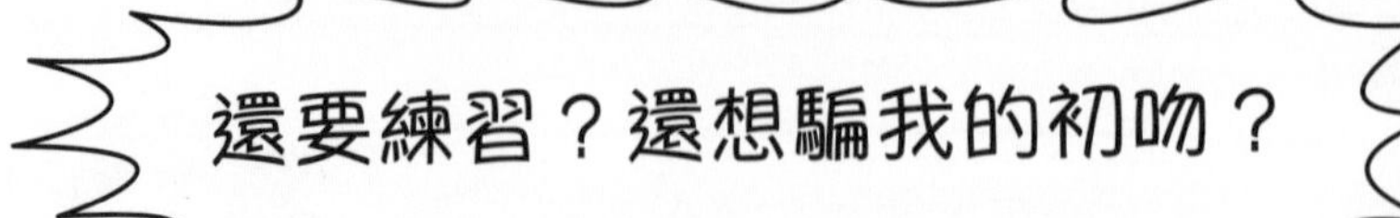
還要練習？還想騙我的初吻？

AM博士

煩人的傢伙終於都走了，小鬼你們也快走，別阻礙我調查！

施丹

是我們用槓桿救醒你的，你還未道謝啊！

AM博士

哼！那些槓桿原理還不是我之前傳送給你們的？即是我自己救自己，不是你們救我。

施汀

哥哥，別跟他吵了。時間不早，我們還要上學啊。

高鼎

等等……我正好有些科學問題想向 AM 博士求證。其實我平日一直有看他傳來的科學信息……

AM博士

你真有眼光。世界上關於**天文地理物理化學生物統計哲學邏輯電腦科學科技工程數學歷史文學繪畫藝術**的疑難，我都能解答！即管問吧！

高鼎

人類呼吸時會吸入氧氣，呼出二氧化碳。但為什麼救護員卻用人工呼吸把自己呼出來的二氧化碳來救人呢？

AM博士

這麼簡單的原理還弄不清楚？這句話**不夠全面**，意思不夠準確，屬於科學迷思概念。事不宜遲，**拆解科學迷思概念課程現在開始！**

我們需要的是——兩個袋！
呼
吸

AM博士

肥仔！你用這山上的空氣注滿這個「吸」字袋！
四眼仔！你用一口氣把這個「呼」字袋吹脹吧！

吸
好！我就在這裏奔跑，把空氣注滿這個袋！你等我！
哥哥真的精力充沛……
呼
我的呼氣量很小……呼～！
好！現在我們已有一袋「吸入前的空氣」和「呼出後的空氣」了，我們分析這兩個袋的成分吧！

AM 博士
告訴你！

地球大氣層的氣體成分分佈（吸入前）

氣體成分	所佔百分比
氮	約 78%
氧	約 21%
二氧化碳	約 0.03%
其他氣體	約 0.94%
水蒸氣	約 0.03%（視乎濕度）

二氧化碳少到看不到……

大氣中的成分佔最多的是哪種氣體？

是氮氣，約佔 78%。

氧氣佔大氣中多少百分比？

氧氣的成分約佔 21%！是第二多的氣體。

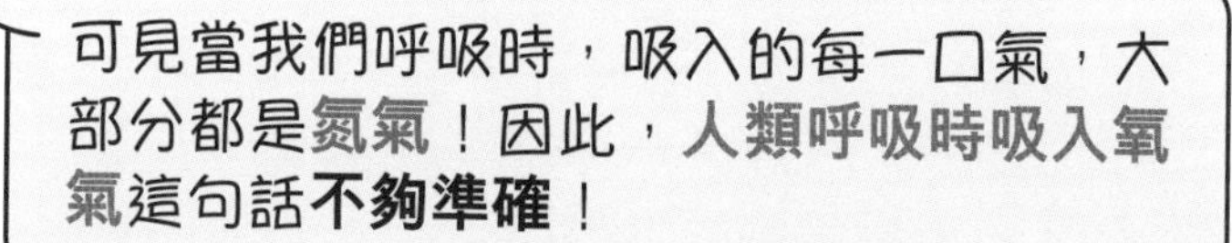

可見當我們呼吸時，吸入的每一口氣，大部分都是**氮氣**！因此，**人類呼吸時吸入氧氣**這句話**不夠準確**！

AM 博士
告訴你！

地球大氣層的氣體成分分佈（呼出後）

看到二氧化碳的區域了！

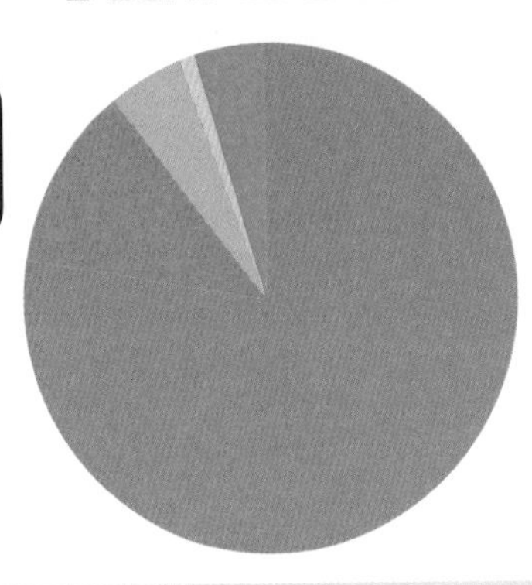

氣體成分	所佔百分比
氮	約 78%
氧	約 13%
二氧化碳	約 4%
其他氣體	約 0.94%
水蒸氣	約 4.00%（視乎濕度）

氧氣和二氧化碳的比例有什麼轉變呢？

氧氣下降至大約 13%，減少了約 8%。二氧化碳由 0.03% 上升至大約 4%，大幅增加了 3.97%！

呼出來的二氧化碳只約佔整體的 4%，並不是最多的。

呼出的空氣中，哪種氣體的成分佔最多呢？

氮氣仍是約佔大氣的 78%，沒有變過啊！

由於我們身體不會使用氮氣，故此呼出的每一口氣，大部分仍然是**氮氣**。因此，**人類呼出二氧化碳**這句話也**不準確**！

施汀

即是我們每次吸入或呼出一口氣，原來大部分都是沒有用的氮氣！

高鼎

救護員的人工呼吸急救方法是有效的。因為呼出的空氣中雖然有少量二氧化碳，但仍然含有氧氣。我怪錯他們了。

AM博士

對！孺子可教呀！你們叫什麼名字？快告訴我！

我叫施丹。
我叫施汀，是他的妹妹。
我叫高鼎。
STEM？STEAM？CODING？難道你們就是我一直想尋找的人選？

施丹

你說什麼？我們哪有這樣的英文名？

AM博士

我特別批准你們進入我的研究所，我請你們喝鮮甜美味的血紅番茄汁吧……

施汀

不行啊，我們現在要趕着上學啊！

AM博士

你們放學來吧！研究所在你們學校前的分岔路的另一方，就是那間玻璃溫室……

待續→3.

AM 博士
實驗室

空氣進階小實驗

可以在家中試試啊！

1. 空氣中的水分

所需工具：鏡子

對着鏡子呼氣，鏡子表面有什麼變化？
（在冬天進行實驗，效果更好。）

目的：探究人體「從肺部呼出來的氣體」與「未經吸入的氣體」的水分之分別。

2. 空氣的溫度變化

所需工具：液體溫度計

對着溫度計的液囊呼氣，溫度計的讀數是否比室溫高？
（在冬天進行實驗，效果更好。）

目的：探究人體「從肺部呼出來的氣體」與「未經吸入的氣體」的溫度之分別。

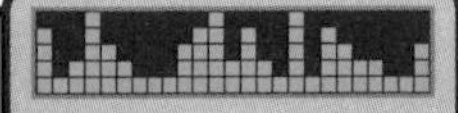

虐待動物研究所？

~植物會不會呼吸？

破解「呼吸作用與光合作用」迷思概念挑戰題

以下有關「呼吸作用與光合作用」的迷思，
你認同嗎？在適當的方格裏加✓吧！

	是	非
A. 只有動物才會進行呼吸作用，綠色植物不會進行呼吸作用。	☐	☐
B. 無論有沒有光，綠色植物都會進行呼吸作用。	☐	☐
C. 綠色植物不能同時進行光合作用及呼吸作用。	☐	☐
D. 綠色植物白天時進行光合作用，在黑夜時進行呼吸作用。	☐	☐
E. 只有綠色植物才會進行光合作用。	☐	☐
F. 綠色植物會從陽光吸收光能，進行光合作用，把水和二氧化碳轉化為食物，同時放出氧氣。	☐	☐

正確資料可在此章節中找到，或翻到第 144 頁的答案頁。

「嗶！嗶！嗶！」

施丹、施汀和高鼎三人匆忙回校途中，收到緊急訊息。

教育局宣佈：上午課堂取消　08:30

由於磁浮交通仍未能正常運作，所有學校的上午課堂取消，下午改為在家進行虛擬課堂。

上午不用上課太好了！

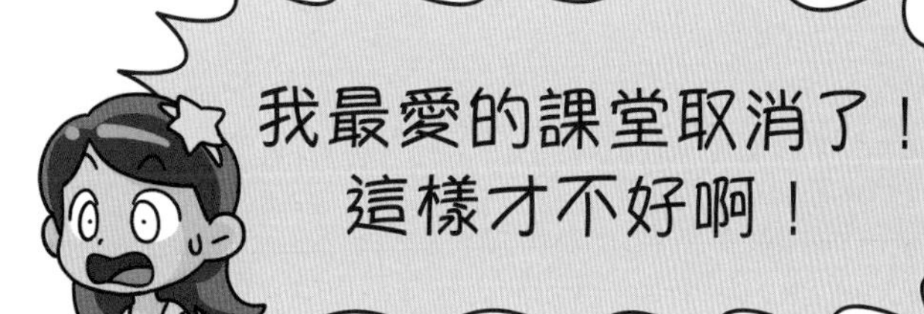

我最愛的課堂取消了！這樣才不好啊！

施丹： 反正上午已沒有課堂，現在有這麼多空閒時間……不如，我們回去那個 AM 博士的研究所參觀吧！

施汀： 我贊成！ AM 博士說他的研究所是玻璃溫室，說不定很有趣。

高鼎： 我剛才已在地圖上標記了研究所的位置，我們跟着導航地圖走吧！

＊＊＊＊＊＊

你們看那堆矮樹及雜草！就是那玻璃溫室了！好隱蔽啊！

熱愛植物的善良人類才可進入温室。

AM 博士研究所

施丹

博士！博士！你在家嗎？怎麼沒有人應門的……

高鼎

博士應該還在山上調查，沒想到我們這麼快會到訪吧？

施丹

啊！原來大門沒有鎖上的！別理了，就進去看看！

三人走進研究所一看，裏面果然有**一個温室**！

嘩！你們快進來這温室看看！這裏有一棵人形仙人掌啊！
你看，它好像還會動。
人形仙人掌？真的像人那麼高，還穿牛仔褲啊！

仙人掌有什麼好看！你們快出來，
這個玻璃球更古怪啊！

你們看！這個玻璃球是密封的，
裏面的小蝦和小蝸牛逃不出來！

施丹
簡直是虐待動物啊！又有人形仙人掌，又有小動物監獄！

施汀
不行！我要摔破這個玻璃球，拯救這些小動物！

施丹
別衝動！這樣小動物會被摔死的，小蝦沒水也不能生存，會變成活蝦刺身啊！我們再透過萬能網求救吧！

高鼎 又用「急救通」吧，我把這個研究所的照片上傳……馬上有回覆了，程式已經儲存了我的個人資料！

9314 小朋友我們又見面了。我們已憑你們上傳的相片，掌握現場的情況了。這裏是 AM 博士的研究所吧？

施丹 對！這裏是恐怖實驗室！裏面還有一棵人形仙人掌！我現在進去拍照，傳給你們看……

血紅
番茄
咦？咦？咦？那棵
人形仙人掌不見了！

9413：你們是不是戲弄我們的？你們知道今日我們有多忙嗎？

高鼎：冤枉呀！我們是親眼看到的，不是惡作劇啊……

9314：你們鎮定一點，把現時房間內的相片傳給我們吧。萬能網會分析你們有沒有說謊。

施丹：好的，分析結果如何？這是虐待動物個案嗎？

9413：萬能網的分析結果是：這是一宗爆竊案，那棵仙人掌是人類來的，他其實在詐死，只是你們把他當作是仙人掌！

施丹：吓？炸死？他被炸彈炸飛了？

施汀：哥哥，不是火字部的炸，而是言字部的詐。他是裝死。

高鼎：即是說，仙人掌是小偷，這裏不是恐怖實驗室……

是誰擅自闖入
我的研究所！
嘩！嚇死人了！

9314 啊，AM 博士幸好你馬上趕回來了。

AM博士 又是你們三個小鬼！還誣告我搞什麼恐怖實驗室！

施丹 是博士你邀請我們來研究所的啊！我們只是早一點來到吧。

9413 博士，根據分析，當這班小孩來到研究所拍門時，那個小偷已在溫室內，於是他想詐死不動，但卻被誤以為是一棵仙人掌。之後小偷趁機從後門逃走了，請你確認有什麼損失吧。

AM博士
沒問題！我一眼已看出那個可惡的小偷貪戀我哪些財物。我點算一下之後再聯絡你們！

9314
小朋友，謝謝你們報案，揭發這宗爆竊案，值得讚賞。下午記得準時上學啊，再見。

AM博士
值得讚賞？你們不是想舉報我虐待動物嗎？

施汀
博士別生氣啊。你用這個玻璃球把小動物關起來，牠們不是很可憐嗎？

高鼎
雖然我們呼出的空氣中仍然含有氧氣，但小動物被困在玻璃球中，早晚會缺氧而窒息啊。而且聽說植物也會呼吸，會跟小動物搶氧氣啊。

施丹
植物也會呼吸？植物不是在白天就進行光合作用，晚上才會呼吸嗎？

AM博士

不對！你們又有科學迷思概念了。**拆解科學迷思概念課程又要開始！**只有綠色植物才會進行光合作用。你們看看這幅圖就會明白：

AM 博士
告訴你！

光合作用的過程

「光合作用」是指綠色植物在陽光下的一連串化學反應。當綠色植物葉片細胞內的葉綠素在白天時，會從陽光吸收光能，把兩種原料（水和二氧化碳）轉化為葡萄糖，以化學能的形式儲存，並同時放出氧氣。

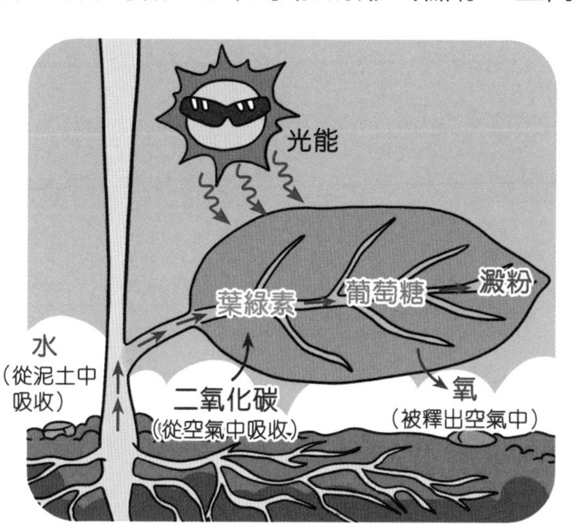
光能
葉綠素
葡萄糖
澱粉
水
（從泥土中
吸收）
二氧化碳
（從空氣中吸收）
氧
（被釋出空氣中）

施丹

葡萄糖？想不到植物會像我一樣喜歡吃糖果。

AM博士

這種葡萄糖不是你吃到蛀牙的糖果，而是植物的養分！光合作用製造出來的葡萄糖可供植物生長和進行呼吸作用，而未被使用的葡萄糖則會轉化成澱粉，作為後備用。**綠色植物在陽光下進行光合作用，就會放出氧氣！**

施汀

真有趣，植物沒有鼻子，也可以呼吸嗎？

AM博士

不對不對！呼吸作用跟你們想的「呼吸」可不同啊！你們快來看另一幅圖：

AM 博士告訴你！

呼吸作用的過程

呼吸作用是在生物每一個細胞內進行的一連串化學反應。過程中，細胞利用氧把食物分解，使食物內儲存的化學能轉換成對生物有用的能量形式（如人類活動的動能、熱能及聲能），過程中同時會產生水和二氧化碳。

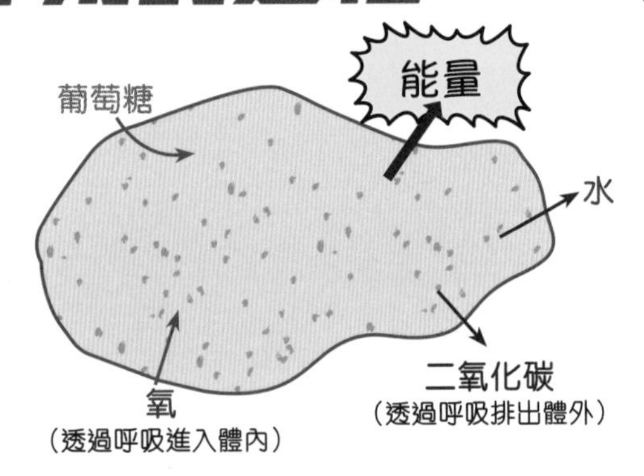
葡萄糖
能量
水
二氧化碳
（透過呼吸排出體外）
氧
（透過呼吸進入體內）

「光合作用」和「呼吸作用」的關係圖

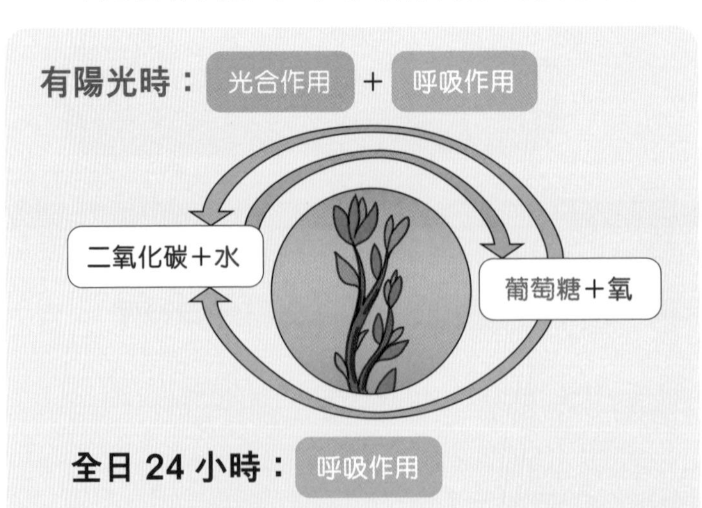
有陽光時：
光合作用
+
呼吸作用
二氧化碳＋水
葡萄糖＋氧
全日 24 小時：
呼吸作用

施汀

即是說，在溫室中種植物能夠把氧和二氧化碳保持平衡，不會缺氧窒息而死。

AM 博士
告訴你！

生態球

生態球代表着簡化了的地球生態循環：

這個生態球正是一個小溫室，球內約 3 分之 2 是海水、3 分之 1 是空氣，當放入鹹水小蝦、小蝸牛、水藻及細菌後，只要每天有光照射，即使沒有人們餵養，牠們也可以在這封閉系統內長時間生存。

1. 藻類吸入生態球外的光和生態球內的二氧化碳進行光合作用，製造食物及產生氧氣。
2. 小蝦進行呼吸作用，吸入氧氣，釋放二氧化碳，並以藻類及細菌為食物，排出廢物。
3. 細菌把小蝦的排泄物分解，同時也產生二氧化碳，供藻類使用。

因此，生態球內的食物及氣體皆可以不斷的循環使用。

施汀

很美妙～很浪漫啊！ AM 博士可以送給我嗎？

AM博士

既然你對環境生態有興趣，就送給你吧。廢話說完了，你們快走！我要忙着檢查失物，還要修理 AI DOG ！

待續→4.

AM 博士
實驗室

綠色植物呼吸作用與光合作用的進階小實驗

可以在家中試試啊！

1. 氣體體積比較

所需工具：燒杯 ×3、漏斗 ×3、試管 ×3、
水草、水、射燈

把水草分成三組放入燒杯的水中，並把漏斗倒轉放在水草之上，然後把注滿水的試管與倒轉的漏斗連接。跟着分別把三個燒杯放置在以下 A、B、C 不同環境。數小時後比較三枝試管收集到的氣體的體積。

目的：探究水草在不同光度下進行光合作用時，所放出氣體的體積的分別。

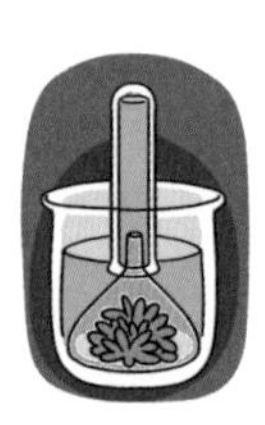

A. 黑房

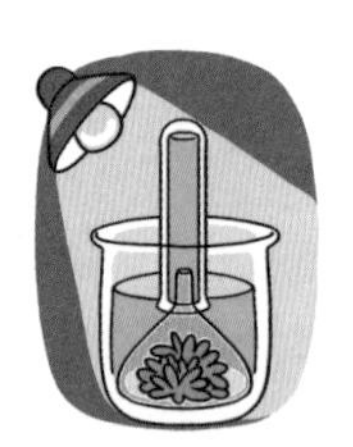

B. 有光的室內

C. 陽光下

2. 線香重燃（此實驗要在家長陪同下進行！）

所需工具：線香、打火機（進行實驗 2 前，你需要先完成實驗 1）

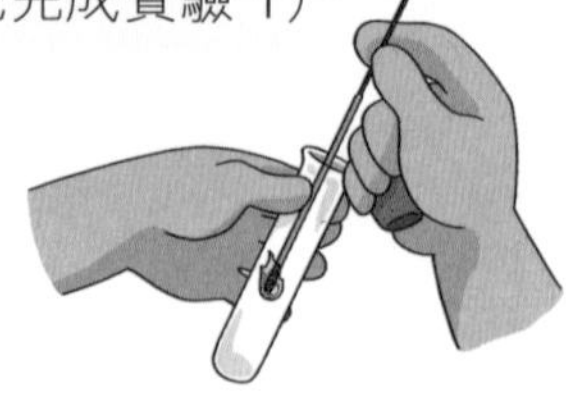

完成實驗 1 後，把一枝點燃中的線香放入其中一枝試管內測試，如果能夠令線香的火焰旺盛地重燃，則可證明試管內的氣體是氧氣。

目的：探究水草進行光合作用後所放出的氣體是否氧氣。

4 奇異舞蹈室之謎

～玻璃是不是鏡？

破解「光的反射」迷思概念挑戰題

以下有關「光的反射」的迷思，
你認同嗎？在適當的方格裏加✓吧！

	是	非
A. 所有物體都會發出光線，光線進入我們眼睛，我們才能看見該物體。	☐	☐
B. 平面玻璃鏡是會反射光線的。	☐	☐
C. 透明玻璃是不會反射光線的。	☐	☐
D. 我們的眼睛會射出光線到不發光的物體，然後該物體反射光線進入我們眼睛，我們才能看見它。	☐	☐
E. 白天時我們隔着透明玻璃窗可以看到窗外的景物，因為窗外的景物反射太陽的光線，光線通過透明玻璃窗，再進入我們眼睛。	☐	☐
F. 如果晚上房間不開燈，我們站在外面遠處，隔着房間的透明玻璃窗，是看不到房間內的東西。	☐	☐

正確資料可在此章節中找到，或翻到第 144 頁的答案頁。

施丹

唉……今天大家都安坐家中等上虛擬課堂，只有我們三個這麼辛苦，長途跋涉也要步行回校。我們實在太好學了。

高鼎

學校大門電子鎖打開了。一定是今早停電而自動解鎖了……

德叔

喂！你們別亂跑！

施汀

德叔，我是施汀啊！

德叔

是你們嗎？今日全校師生都無法回校，只是我因為每晚留守在學校才不受事故影響。你們竟然這樣幸運可以乘車回來嗎？

施丹

這不是幸運，我們是經過千山萬水步行回來的！

德叔

真了不起！我帶你們到多用途舞蹈室預備課堂吧。

德叔把三人帶上二樓，嗶的一聲就把多用途舞蹈室的燈開了。

嘩，這間房好大！

施汀
你没進入過舞蹈室嗎？你是芭蕾舞團傑出團員施汀的哥哥啊！

高鼎
我也没想過房間裏面是這麼大的。難道這裏是奇異空間？

德叔
這是因為牆邊的巨大鏡子啊。**鏡中影像跟鏡前物體同一大小**，無論長、闊、高都跟實物相同，所以在牆邊加上鏡子，可使視野更開闊，令你感覺舞蹈室的體積增大了一倍啊。

我們對着鏡練習，就可以看到自己的舞步和姿勢了。在鏡前跳舞，鏡中的我就是我的觀眾。

德叔
你們記着不要觸碰角落的管弦樂器啊！

高鼎
明白！

德叔
我要去打掃課室了。今早真奇怪，明明没有學生和老師回來過，四處卻這麼雜亂……

施丹
好呀！我可以盡情在這舞蹈室跑跑跳跳了！哨呵～！

我在鏡前舉起左手抓頭，鏡中的我卻變成用右手抓頭。在鏡前抓頭，鏡中的我就是我的觀眾……

施汀
別學我說話！哥哥可以靜一點嗎？我要預備下午匯報啊！

施丹

咦？我覺得鏡子後好像有對眼睛在看着我，高鼎你留意到嗎？

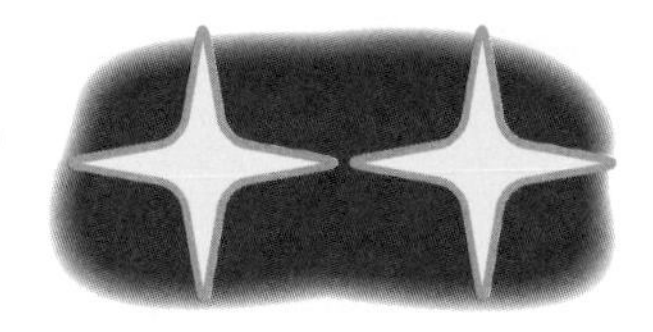

高鼎

怎可能？鏡子後面是牆壁，怎會有東西？

施丹

怎會沒可能！可能鏡子後面有**鏡妖**啊！嘩哈哈！

施汀

靜一點啊～！可惡！我受不了，我寧願到外面的球場算了！

半小時後……

施汀從球場回來一看，舞蹈室真的變靜了，而且氣氛凝重。

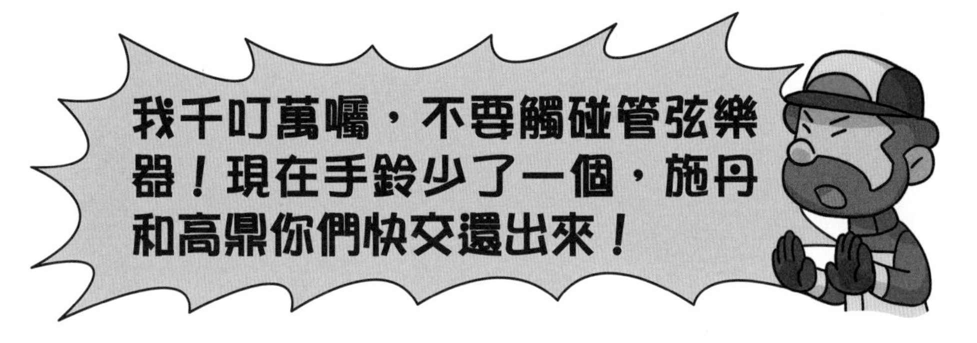
我千叮萬囑，不要觸碰管弦樂器！現在手鈴少了一個，施丹和高鼎你們快交還出來！

施汀

吓？哥哥你們偷東西？

施丹

冤枉呀！不是我們做的！

德叔

不是你們還有誰？今天都沒有其他學生回來學校！

施丹

我剛才見施汀走了，開始覺得無聊，然後打了幾個筋斗就離開舞蹈室了，我真的不知道之後這裏發生什麼事啊！

高鼎

我一直都是跟施丹一起的！因為他說鏡子後面有鏡妖，我有點害怕，就建議離開，一起到天台玩網上遊戲了！

德叔

唉……我看你們也不似是說謊，但真正犯人是誰呢？

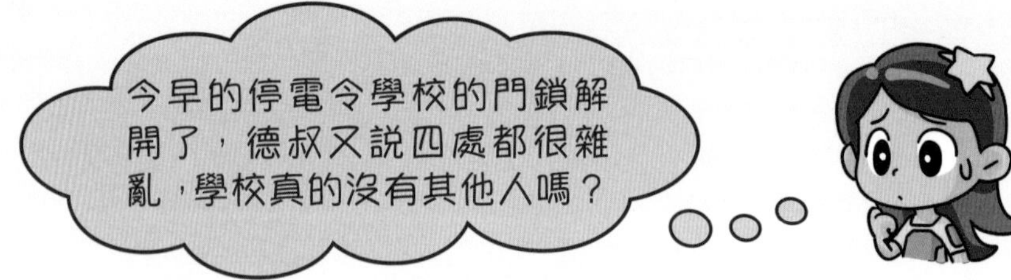
今早的停電令學校的門鎖解開了，德叔又說四處都很雜亂，學校真的沒有其他人嗎？

施丹

既然想不通，其他老師又未回來，不如聯絡 AM 博士吧！

高鼎

好呀！博士說過，遇到什麼疑難都可以問他。我試試從智能手錶的信息中聯絡博士……

智能手錶即時傳出 AM 博士的聲音和影像了！

我是 AM 博士！
又是你們三個小鬼？
真難得竟然主動找我？

高鼎

AM 博士快救我們！學校有人把手鈴偷了並嫁禍我們，害德叔誤會我們是賊人！

AM博士

德叔？難道是……清潔王阿德？

德叔

原來是 AM 仔？我記得你以前常跟一個日本籍女同學一起亂做實驗，十分搗蛋，想不到現在已成為博士，真厲害！

AM博士

阿德你才厲害！現在所有機構都轉用機械人做清潔員，只有你仍然堅持親身工作……

施丹

AM 博士你認識德叔和我們的學校嗎？

AM博士

當然，我是「熱血高級科技小學」的著名學生！而且我曾發明很多工具，幫忙過阿德不少！

德叔

你是著名愛搗蛋的學生！ AM 仔你只要有一天不在學校亂做實驗、不搞亂課室，就已經幫我很大的忙了！

高鼎

真有緣呀，博士你是我們相隔很多年的大大大師兄。

施丹

博士，不要說舊話了。快幫我們洗脫嫌疑，為我們伸冤啊！

AM博士

你們以為我是大律師嗎？真受不了你們……你們把舞蹈室的相片傳來給我看看吧。

唔……我記得學校的結構，舞蹈室的大玻璃後面，不正是校園電視台的控制室嗎？控制室裝有閉路電視，錄影到舞蹈室的一切，翻查剛才的紀錄就知道誰是真兇了！

AM 仔你的記性真好。舞蹈室和控制室兩間房是用大玻璃相隔的，所有拍攝器材都放在那邊。這間舞蹈室其實也是其中一間錄影室，所以才叫「多用途舞蹈室」啊。

大玻璃？控制室的閉路電視可以錄影到舞蹈室？這一塊明明是一面鏡子啊！那邊的鏡頭怎可以透視到這邊？

對對對！博士你為什麼說它是玻璃？玻璃是透明的嘛！

你們對鏡子的概念充滿混亂！讓我來**拆解科學迷思概念吧！**施丹，你和德叔留在這裏；施汀和高鼎，你們過去後面的控制室吧，進門後不要開燈啊。

施汀和高鼎從另一扇門進入「大鏡子」後方的控制室。雖然二人沒有亮起電燈，控制室漆黑一片，但那面「大鏡子」……

舞蹈室
大鏡子回復了玻璃的特性！我們在這一方清楚看到舞蹈室！施丹正在裝鬼臉！
控制室

施丹

這麼神奇？我在這邊只看到自己和德叔啊！我要過來看！

AM博士

施丹別亂動！高鼎你現在把控制室的燈亮起……

嗶！
嘩！大鏡子變成透明了！真的
看到控制室的施汀和高鼎啊！

AM博士

這只是一個很尋常的現象，真正奇妙的是光的特性啊。你們知道為什麼能夠看見東西嗎？

施丹

我當然知道！因為我們——**有！眼！睛！**

高鼎

難道是因為我們的眼睛能夠射出光線到物體上，然後該物體再反射光線回到我們眼睛？

AM博士

射出光線？你以為眼睛是電筒嗎？

我們看見某個物體，一定是該物體能發出光線或反射光線，然後有部分光線進入我們眼睛，我們才能看見該物體。

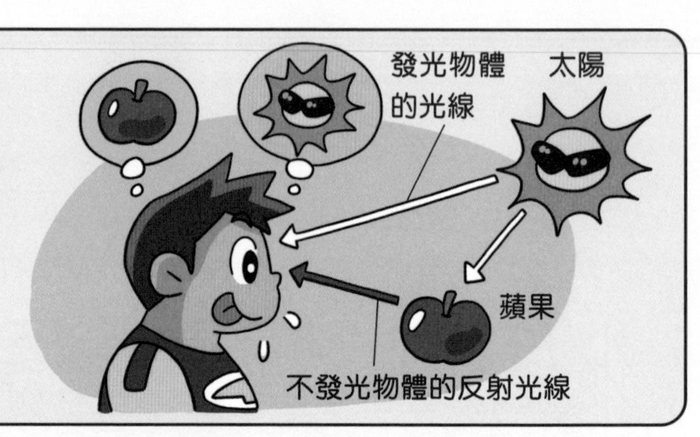
發光物體的光線
太陽
蘋果
不發光物體的反射光線

AM博士告訴你！

玻璃如何變鏡子？

一般平面鏡的製作工序：工匠在玻璃背面塗上一層硝酸銀來反射光線，再塗上一層紅色的鐵底漆防止生鏽，就會令玻璃變成平面鏡。

如果把玻璃放在黑暗房間與光亮房間之間，也會產生鏡子的效果：

參考右圖，假設施丹站在光亮房間，高鼎站在黑暗房間，中間放置一面透明玻璃。光亮房間的光線部分被玻璃反射，部分穿透玻璃到達黑暗房間。由於沒有光線從黑暗房間發出，所以置身光亮房間的施丹看不到黑暗房間的高鼎，只看到自己，這時施丹在光亮房間看到的玻璃就如平面鏡。

光亮房間
黑暗房間
玻璃
玻璃
鏡

由於黑暗房間可以接收光亮房間的光線，這時玻璃在黑暗房間就呈現透明狀態，高鼎可透過它看到光亮房間。之後當高鼎的房間都開燈了，因為兩邊的光線都有部分進入對面的房間，所以施丹和高鼎都能看到對面。

AM博士

你們可以檢查控制室的閉路電視片段，找出樂器的小偷了！

施汀

不用了，我在控制室這邊已找到真兇，也尋回失物了！哥哥你試把舞蹈室的燈關上，看清楚我們在控制室的情況吧！

德叔

施汀你已找到真兇？怎麼我會看不到？施丹你快關燈看看！

「嗶！」燈掣一關……

我看清楚控制室了！枱底有物件在反光……是手鈴！還有一隻貓啊！

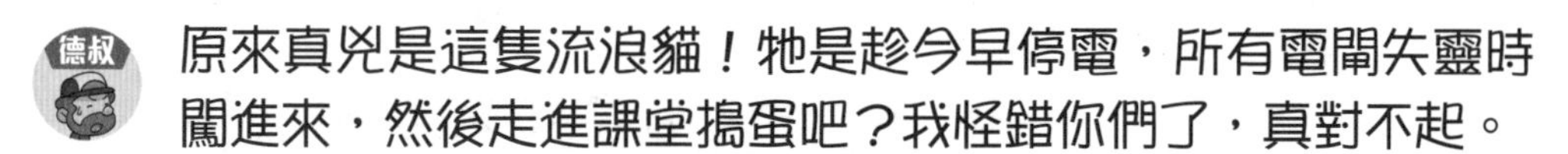
德叔

原來真兇是這隻流浪貓！牠是趁今早停電，所有電閘失靈時闖進來，然後走進課堂搗蛋吧？我怪錯你們了，真對不起。

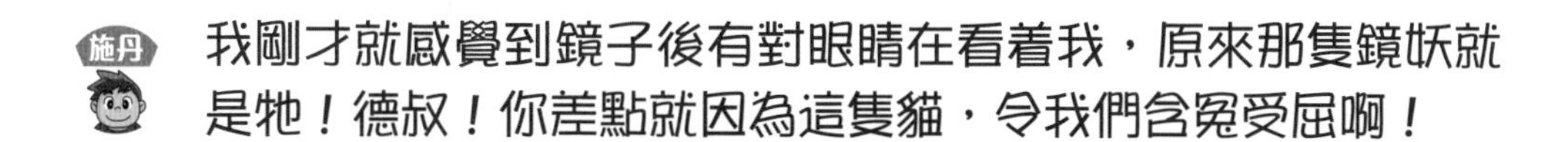
施丹

我剛才就感覺到鏡子後有對眼睛在看着我，原來那隻鏡妖就是牠！德叔！你差點就因為這隻貓，令我們含冤受屈啊！

施汀

這隻貓很可愛啊，不如德叔你收養了牠，就不用每晚「一個人」留守在學校這樣寂寞了！哈哈哈！

AM博士

對，我也不是一個人，有 AI DOG 陪伴……呀！我要儘快修理好 AI DOG，你們別再隨便騷擾我了！

待續→5.

AM博士
實驗室

玻璃反射光線的進階小實驗

可以在家中試試啊！

1. 玻璃窗看風景

所需工具：家居的玻璃窗、家居的電燈

a. 在日間，從家中隔着玻璃窗，試試能不能看到外面情景。
b. 在夜間，把房間的燈亮起，隔着玻璃窗，試試能不能看到外面情景。
c. 之後把房間的燈全部關上，看看玻璃窗外的情景有沒有不同。

目的：利用生活現象，探究透明玻璃在不同光暗環境中的變化。

日間

夜間

2. 水中蠟燭小魔法

所需工具：透明玻璃、透明杯、蠟燭×2、打火機

a. 兩枝蠟燭分別放在一塊透明玻璃的兩側。
b. 把右邊的蠟燭放入玻璃杯內，並注水把蠟燭完全覆蓋。
c. 燃點左邊的一支蠟燭。
d. 在燃點中的蠟燭那一方，隔着玻璃看水杯中的蠟燭，看看出現什麼影像？

?

目的：利用透明玻璃透光和反光的兩種性質，探究由光線所造成的錯覺。

5

月有陰晴圓缺，月是神出鬼沒

~月亮只會在晚上出現？

破解「月亮盈虧」迷思概念挑戰題

以下有關「月亮盈虧」的迷思，你認同嗎？

在適當的方格裏加✓吧！

	是	非
A. 我們在白天時一定看不到月亮。	☐	☐
B. 在每月的農曆初一晚上，我們一定看不到月亮。	☐	☐
C. 只有在農曆八月十五（中秋節），我們在晚上才會看到圓圓的月亮。	☐	☐
D. 在每月的農曆十五，我們在晚上都會看到圓月。	☐	☐
E. 不論日夜，月亮都一直在天上，但由於白天時太陽太光亮，我們才看不到月亮。	☐	☐
F. 月亮的盈虧是由於月球環繞地球公轉，有時會被地球的影子遮蔽。	☐	☐
G. 在每月的農曆初四或初五，太陽在西方還未落下時，月亮已經在西方出現了。	☐	☐

正確資料可在此章節中找到，或翻到第 144 頁的答案頁。

黃昏時分，施丹、施汀和高鼎三位「好學」的學生，放學後竟不是乘車回家，而是去了研究所……

AM 博士！救救我們啊～！

AM博士
怎麼你們又來了？別阻礙我修理 AI DOG ！

高鼎
博士，剛才的虛擬課堂是有錄音的，我重播給你聽聽吧！

高鼎從「創意科學科」中篩選出鄧老師的聲音。

AM博士
原來「小登登」是你們的老師嗎？想當年我們是同班同學，不過我的科學成績比她好得多了。

施汀
對對對，AM 博士你是最好的！

創意科學科　課堂重播

篩選條件：鄧老師的話

- 施丹、施汀、高鼎，你們三位真好學，竟**「真實」**地坐在課室，跟我們坐在家中一起參與**「虛擬」**課堂……
- 新一屆科技發明大賽開始接受報名了，今次主題是「幫助弱勢社羣」，每位同學請在下月呈交創意發明品的構思……
- 今屆比賽由「如月中天集團」贊助，獎品非常豐富啊……

施丹：我們完全沒有頭緒，怎樣交功課啊？AM 博士你要幫忙我們這些「弱勢社羣」啊！

施汀：贊助機構是如月中天集團，評判就是集團主席、科普明星「麥理爸爸」。如果我的作品入圍，就有機會見到偶像了！

AM博士：哼！如月中天集團的麥理爸爸也有資格當評判嗎？

高鼎：博士求求你，請教導我們怎樣做吧！

AM博士：小事一件，我就給你們一點建議吧。但你們先告訴我，你們喜歡什麼科目？

高鼎：我喜歡量子電腦科。可惜今日課堂取消了，真可惜。

施汀：我喜歡地月藝術科。難得我搜集了月球移民的藝術作品，正打算今天做匯報的，但匯報環節都取消了……

施丹：我沒什麼喜歡的科目，但最討厭就是世界語。現在已經有即時傳譯機，甚至可以跟月球上的人溝通啊，學來有什麼用？

高鼎：你說得真誇張，月球上的人不是說月球話啊。其實他們跟我們一樣講地球的各種語言。

高鼎，我們當然知道。我們有位親戚正住在月球風暴洋地區，下月他們還會搬去寧靜海的新開發區啊！

我記得。**雅典娜**是我們外婆的哥哥的孫兒的妻子的表妹……
我不知怎樣稱呼她，只會稱她作「親戚」。

原來去年退學移民月球的雅典娜同學就是你們的親戚！

你很掛念她嗎？只要你每晚抬頭就可以看到她的家了。

幼稚園老師教過：「我們在白天看見太陽，在晚上看見月亮。」

但我曾在白天見過月亮。月亮其實一直掛在天上，我們白天看不到是因為太陽太亮了！

可是月球環繞地球公轉，月亮有時會被地球影子遮蔽，所以不是每晚都見到整個月球！

AM 博士發現大家對月亮盈虧充滿了迷思，所以展開了室外課堂，從研究所步行 5 分鐘來到了海灘——

夕陽好浪漫……但博士你帶我們來看日落嗎？
好大風……好冷啊……我們看完就可以走嗎？
大家不要吵，望着西方偏南的天空，月亮很快會出現。

高鼎

西方？月亮應該跟太陽一樣從東方升起啊！太陽還未落下，怎會在西方看見圓圓的月亮呢？

太陽和月亮同時出現了！

施丹

大家看！月亮果然在西方偏南的上空出現了……但原來只是一道彎月啊！

AM博士

今天不是農曆十五，只是**初四**，不會看見圓月，只會看見這個**蛾眉月**！如果在早幾天農曆初一，你們整晚都不會看到月亮。太陽和月亮同時出現這現象叫「日月同輝」，只要天氣良好，每個月都可觀察到。

AM 博士
告訴你！

日月同輝

月球跟太陽一樣會東升西落，但每天月出月落的時間是不同的。月亮每天比前一天遲約 50 分鐘升起，如果農曆十五的月亮是下午 5 點升起，到農曆二十九，即 14 日之後，就會延遲到上午 5 點才月出了。

農曆上半月（初七至初九）
太陽落下前

東南方
西方

我們下午約 3 時向東南方遠望，或日落前約 6 時向南方遠望，會看到上弦月。夏天較遲日落，更容易出現日月同輝。

農曆下半月（廿二至廿四）
太陽升起後

東方
西南方

月亮於日出前數小時在東方升起，日出後月亮還在天空，我們於上午約 9 時向西南方遠望，或在正午時向西方遠望，會看到下弦月。

施丹

那麼每逢農曆十五，例如中秋節，圓圓的滿月晚上從東方升起時太陽已落下；第二天的黎明時，月亮也早已從西方落下，於是我們就不會看到日月同輝了！

AM博士

對！舉一反三，非常醒目！

施汀

原來**月亮有時是白天升起，晚上落下**。我們不能每晚都能見到月亮，也不是每晚都是圓月。

施丹

原來月亮不是一直掛在天上，而是東升西落！

嚴格來說，太陽、月亮也不是東升西落，只因地球自轉方向是自西向東，而我們感覺不到地球轉動，才會覺得太陽、月亮東升西落。

西
東
地平線

高鼎

你們果然是錯的。博士，蛾眉月陰暗部分是因為被地球的影子所遮蔽而形成的，我沒有錯吧？

AM博士

你都不對！你說的情況只會出現在特定的農曆十五晚上，當滿月剛好進入地球影子範圍。那個罕見現象是月食，不是現在的蛾眉月。

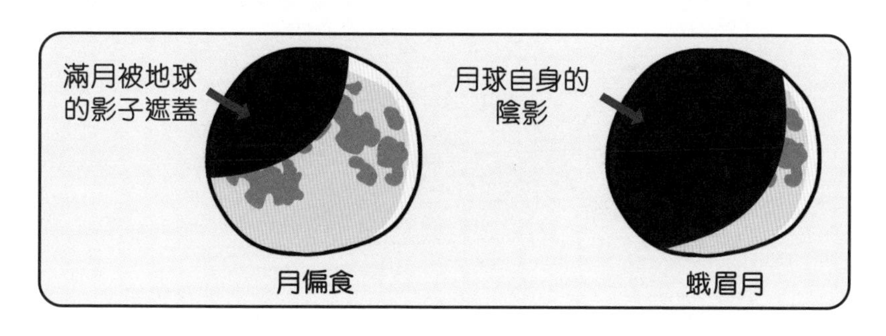
滿月被地球的影子遮蓋
月偏食
月球自身的陰影
蛾眉月

AM博士

我為了解釋月亮盈虧的原理，一早帶了這個排球出來了！

施丹

沙灘打排球？

AM博士

是模擬月亮盈虧現象！高鼎，你把這個排球高舉；施汀，你用超強力電筒從一邊照射排球；施丹，你負責走路和觀察，你看見整個排球嗎？

施丹

不行，電筒只可以照射到右邊一半。

AM博士

你環繞高鼎走一周，看看排球有沒有變化吧。

好重……我的雙手都酸軟了……施丹你可以走快一點嗎？
月球
太陽
觀察者

施丹

有呀！隨着我走到排球前後左右不同的位置觀察，我看到排球反光的部分亦有所不同！

我移動到這個位置，看到排球反光的部分是彎彎的。就像今晚的蛾眉月！

AM博士

當施丹從排球黑暗的左半邊開始，圍繞排球跑了一周，已經經歷一次月球由完全黑暗（新月）到完全光亮（滿月），並再回到黑暗的過程。而因為高鼎把排球高舉了，證明並非由地球的影子遮蔽而成。

月球本身不會發光，「月光」都是反射太陽光。由於月球環繞地球公轉，地球又環繞太陽公轉，所以地球、月球、太陽的相對位置不斷地變化。

我們在不同日子看月球，便會看到不同面積的受光部分，這就是月亮圓缺，稱為月相了。

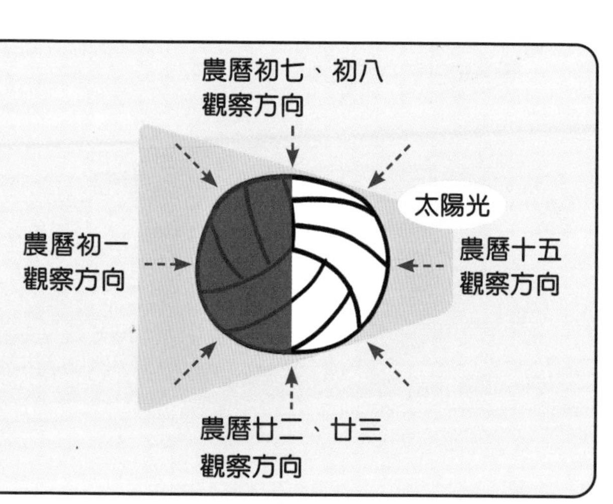
農曆初七、初八
觀察方向
太陽光
農曆初一
觀察方向
農曆十五
觀察方向
農曆廿二、廿三
觀察方向

原來月亮形狀的不同，跟地球的影子完全沒有關係。

正當三人在討論期間，身後突然傳出了 AM 博士柔柔的聲音……

人有悲歡離合，月有陰晴圓缺，此事古難全。但願人長久，千里共嬋娟。
博士你為什麼突然詩人附身？還吟出這樣幽雅的文句？

這是「AR 百變模特兒程式」，可以切合情景，換上不同的虛擬服裝。我只是看見日月同輝的美景，想起一位居住在月球的舊朋友而已！

博士你竟還懂得作詩，果然是文理並重、才藝雙全！

你們說什麼？這首宋詞不是我作的！難道你們沒有聽過這首宋詞？快用萬能網搜尋吧！

搜尋關於月亮的詩詞歌賦

- 《靜夜思》李白：牀前明月光，疑是地上霜⋯⋯
- 《水調歌頭》蘇軾：人有悲歡離合，月有陰晴圓缺⋯⋯
- 《相見歡》李煜：無言獨上西樓，月如鈎⋯⋯
- 《望月懷遠》張九齡：海上生明月，天涯共此時⋯⋯
- 《月亮代表我的心》鄧麗君：你問我愛你有多深⋯⋯
- " Fly me to the Moon" ⋯⋯

找到了！是地球曆 11 世紀，一千年前北宋大詩人蘇軾所填的詞《水調歌頭・明月幾時有》！
對！你們快欣賞、背誦！

博士，夕陽已西下，時間不早了。不如你快告訴我們科技發明大賽的主意吧？

不要心急啊，我還在推理哪個壞人膽敢偷取我的寶貴資料！你們明天再來，幫我想辦法捉賊後，我替你們出發明主意！

吓？還要幫你捉賊？

待續→6.

AM 博士
實驗室

月球觀察進階小實驗！

可以出外試試啊！

1. 模擬月亮盈虧

所需工具：手電筒、皮球　所需人數：2 至 3 人

a. 組員 A 高舉皮球，組員 B 利用手電筒從右照射皮球，組員 C 先觀察電筒的光可不可以照射到整個皮球。

b. 組員 C 環繞皮球轉一周，觀察反光的部分的變化

手電筒模擬太陽，皮球模擬月球，觀察者模擬地球上的人。

目的：利用手電筒及皮球模擬月球的盈虧

2. 觀察日月同輝

所需工具：指南針或手機的指南針應用程式

按下表的日期、時間和方向觀察太陽和月亮同時出現：

日月同輝觀察時刻及方向表

日期（農曆）	月相	觀看時間及方向		
		上午約 9 時	下午約 3 時	黃昏約 6 時
初四或初五	蛾眉月	／	／	西南方
初七、初八、初九	上弦月	／	東南方	南方
廿二、廿三、廿四	下弦月	西南方	／	／

目的：觀察「日月同輝」現象

6 不會動的動物

～珊瑚是化石、植物還是動物？

破解「珊瑚」迷思概念挑戰題

以下有關「珊瑚」的迷思，你認同嗎？

在適當的方格裏加✓吧！

	是	非
A. 在沙灘可以拾到白色的珊瑚石，所以珊瑚是死物。	☐	☐
B. 珊瑚是一種生活在海中的刺胞動物。	☐	☐
C. 珊瑚能夠進行光合作用，所以珊瑚是海中的植物。	☐	☐
D. 珊瑚蟲與一種單細胞植物海藻有着互利共生的關係。	☐	☐
E. 常見的珊瑚是由很多個珊瑚蟲「單體」互相連結所組成的大型珊瑚羣體。	☐	☐
F. 珊瑚會伸出觸手來捕獵小魚作為食物。	☐	☐
G. 淺海中的珊瑚隨着陽光不同角度的照射而反射各種不同的顏色。	☐	☐

正確資料可在此章節中找到，或翻到第 144 頁的答案頁。

AM 博士早晨呀～！

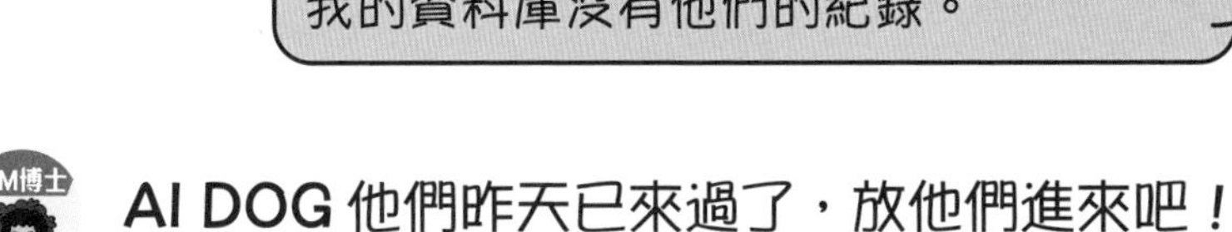
博士，有三個小孩在門口叫喊你的名字。
我的資料庫沒有他們的紀錄。

AM博士：AI DOG 他們昨天已來過了，放他們進來吧！

施汀：謝謝博士！早晨呀！我們又來了！

AM博士：早……現在幾點鐘……七點半？你們逃課嗎？

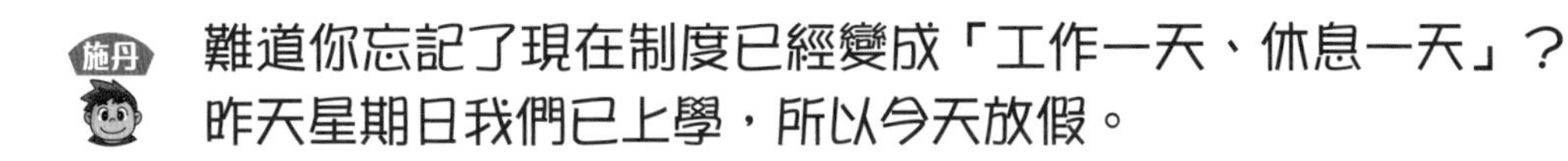

施丹：難道你忘記了現在制度已經變成「工作一天、休息一天」？昨天星期日我們已上學，所以今天放假。

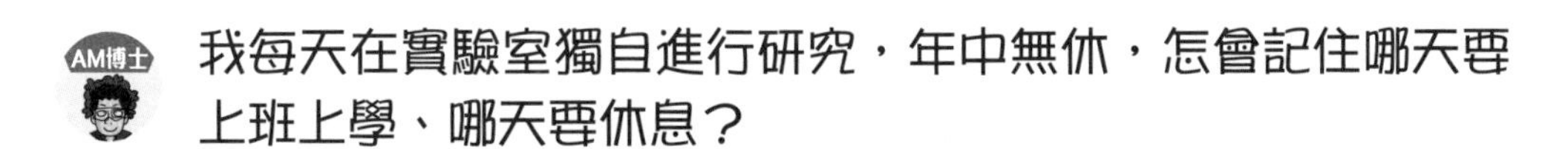

AM博士：我每天在實驗室獨自進行研究，年中無休，怎會記住哪天要上班上學、哪天要休息？

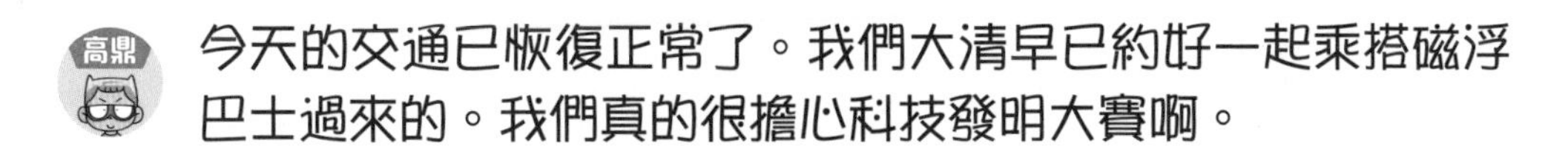

高鼎：今天的交通已恢復正常了。我們大清早已約好一起乘搭磁浮巴士過來的。我們真的很擔心科技發明大賽啊。

AM博士：我昨晚就說不要心急啊，讓我先了解你們的性格吧。AI DOG，你為他們做人臉分析，當作見面禮吧。

知道。現在先為施丹掃描……
我要為這三個陌生人逐一建立
新檔案，所以要花點時間。
AI DOG 你已經恢復正常了嗎？

高鼎

AI DOG 你有什麼強勁功能呢？

AI DOG

我頭上的高感光高解像鏡頭可不分晝夜探測周圍環境，把眼前人臉與資料庫內的照片比較，分析他們是好人或是壞人。

AM博士

在 **AI DOG** 分析你們是好人還是壞人之前，我已 ***99%*** 肯定你們是——大懶人！

施丹

才不是！你是 ***100%*** 騙人！

高鼎

AI DOG 有了這個功能，只要遇到心懷不軌的人，就可立即提醒博士了。昨天那個人形仙人掌就不能闖進來啦。

AI DOG

你們說的人形仙人掌真的令我一頭霧水。動物就是動物、植物就是植物！只怪你們打機打得多，連壞人在面前也分不清楚。

別這樣說啊，我也算一個生態愛好者，動物分類難不到我。雖然我最怕的昆蟲是蜘蛛……

你還敢說？昆蟲類只有三對腳，而蜘蛛有四對腳，所以**蜘蛛不屬於昆蟲類**！好，你們來自然角看看我的收藏品吧！

你們認得這些是什麼嗎？
是鹿角的史前化石！
是巨型蘑菇和樹枝！
不！應該是珊瑚來的！

只有施汀答對，這些正是珊瑚。你們認為珊瑚是動物、植物或是死物？

珊瑚是死物吧，我見過媽媽有一枚紅珊瑚石戒指。

珊瑚在海中不會移動，它是植物，之後變成化石。

植物應會進行光合作用，所以珊瑚應該是扮作石頭的動物！

拆解科學迷思概念課程開始吧！ AI DOG，開啟投影功能，給他們看清楚珊瑚在海底的形態！

嘩～
好浪漫！
好壯觀！

AM博士

這些就是在海底中各式各樣活生生的珊瑚了！怎樣？觀察完之後，最後答案是什麼呢？

我們覺得珊瑚是水草，是植物！
唉……明明已給你們這麼多提示。答案是——珊瑚是一種刺胞動物，決不是水草！

AM 博士
告訴你！

珊瑚與蟲黃藻

我們常見的珊瑚，是由很多「珊瑚蟲單體」連結組成的大型珊瑚羣體。雖然珊瑚蟲無法移動，但能夠伸出觸手來捕獵浮游生物作為食物。

珊瑚不同的顏色來自不同種類的「蟲黃藻」，它是一種單細胞植物海藻，跟珊瑚蟲有互利共生關係。

大型珊瑚羣體提供藏身之所給蟲黃藻，而蟲黃藻在海水中吸收陽光和珊瑚排出的二氧化碳，透過光合作用製造糖分及產生氧氣，與珊瑚蟲共享。

蟲黃藻
珊瑚蟲

珊瑚蟲是動物，蟲黃藻是植物，動植物各盡所能，它們真是好兄弟啊！

珊瑚蟲可以簡單分成「造礁珊瑚」（硬珊瑚）和「非造礁珊瑚」（軟珊瑚）。造礁珊瑚能夠吸收鈣和二氧化碳，分泌出白色的碳酸鈣（石灰質），並互相黏在一起，就是你們看到的白色的珊瑚石了。

全世界最大的珊瑚礁是位於澳洲的大堡礁！是用上千年的時間才形成的！

「嗶！嗶！嗶！」

AI DOG

博士，《科學占卜》程式為施丹、施汀、高鼎進行的分析已得出結果了！現在列印出來——

AM博士

好！《科學占卜》是我創作的程式，會根據你們的言行和臉孔，分析你們的性格及才能，還可預測你們將來的成就啊。

《科學占卜》分析結果報告

更新日期：2080 年 3 月 25 日 08:00

人物：施丹　　代號：STEM

▲ 好人機率：96%

▲ 20 年後：成為月球上擁有最多專利的發明家。

合格

人物：施汀　　代號：STEAM

▲ 好人機率：98%

▲ 20 年後：成為月球寧靜海大學的生物學權威學家。

合格

人物：高鼎　　代號：CODING

▲ 好人機率：95%

▲ 20 年後：成為月球科學研究機構的首席電腦科學家。

合格

恭喜！你們的評分很高！

雖然不知道會否成真，
但我聽到也很開心了。

施丹

嘩！發明家！厲害呀！我一定發達了！

高鼎

我們全部都會在月球上發展，到時又可以跟你們移民往月球的親戚——雅典娜同學見面了！

施汀

博士，報告上面「合格」的蓋印是什麼意思？

合格

AM博士

事到如今，我就提早通知你們吧。這是代表——**你們合資格加入我的少年未來科學拯救隊！**恭喜！

施丹

這是什麼組織來的？我們只打算參加發明大賽啊！

AM博士

你們想我幫忙參加發明大賽，就要用「少年未來科學拯救隊」的名義！一起振興全民科學，還要粉碎野心家的陰謀！

施丹

參加發明大賽和粉碎野心家陰謀有什麼關係啊？

AM博士

有關係！今屆發明大賽的贊助機構是如月中天集團吧？少年未來科學拯救隊的第一個任務就是——

於24小時內從如月中天集團手中奪回我失去了的電腦及番茄樣本！

什麼？

待續→7.

AM 博士
實驗室

珊瑚觀察進階小實驗

1. 遊船河看珊瑚

可以出外試試啊！

假日與父母一起，前往香港西貢區的海下灣乘坐玻璃底船，或到橋咀洲、東平洲進行浮潛，觀察香港海底的珊瑚。

目的：觀察香港西貢區的珊瑚

2. 到水族店看珊瑚

假日與父母一起，前往香港旺角的通菜街（金魚街），逛不同的水族店，觀賞美麗的珊瑚。

目的：觀賞水族店的珊瑚

3. 到沙灘看珊瑚

假日與父母一起，前往香港的沙灘，執拾一些白色的珊瑚石觀察。

目的：觀察沙灘上已死去的珊瑚

7 番茄試食大會

~五種味覺是甜酸苦辣鹹？

破解「味覺」迷思概念挑戰題

以下有關「味覺」的迷思，你認同嗎？

在適當的方格裏加✓吧！

	是	非
A. 舌頭凸起的一粒粒小點就是味蕾。	☐	☐
B. 人類的味蕾除了分布在舌頭上，也有一些味蕾在口腔上顎表面及咽喉部的黏膜上。	☐	☐
C. 在兒童時期，味蕾數目較多、分布較為廣泛，而老年人的味蕾數目則因萎縮而減少。	☐	☐
D. 人們舌頭上的味蕾可以感受到甜味、酸味、苦味、辣味、鹹味五種味道。	☐	☐
E. 很多人喜歡吃麻辣火鍋，因為他們舌頭上的味蕾有很多感受麻辣的味覺感受器。	☐	☐
F. 食物的溫度亦會影響我們的味覺。	☐	☐
G. 人們嗅覺會影響味覺，當人們患上傷風感冒時，嗅覺失靈，吃什麼東西都覺得淡而無味。	☐	☐

正確資料可在此章節中找到，或翻到第 144 頁的答案頁。

施汀

別冤枉如月中天集團的麥理爸爸！他怎會偷東西？

AM博士

施汀，我不是說你的偶像偷東西，我是證明到如月中天集團有成員偷了我的財物。你們先來温室看看可疑的地方！

高鼎

讓我來推理吧……犯人把三個血紅番茄的盆栽偷走了，混亂之間把掛在上面的木牌摔破了？

血紅
番茄

AM博士

好，不錯的推理。我被偷去的財物不只那三盆番茄。你們再跟我來實驗室……

歡迎進入我的實驗室，請留心觀察。
小偷把你的實驗室大肆搜掠，他太可惡了！

AM博士

那小偷並沒有搜掠，一進來只偷了我的電腦。他想盜取我的最新研究成果——血紅番茄論文！

施丹

什麼？那麼博士你的實驗室為什麼亂成這樣子？

AM博士

你們覺得實驗室很混亂，我反而覺得井井有條、亂中有序。這裏所有東西的位置已在我腦海中。

高鼎

博士你的電腦和文件肯定已加密，小偷即使偷了也沒有密碼，開啟不到吧？

AM博士

沒有！我的電腦和文件都沒有設密碼！

施汀

什麼都沒有？你的電腦安全意識太低了吧？

我是有所防範的，我的電腦有衛星定位追蹤系統，只要一有人開啟，我會知道它的所在位置！

AI DOG

我們在凌晨時分終於等到賊人開啟電腦，根據信號，博士的電腦現正位於「如月中天集團大廈」。

施汀

如月中天集團竟然有害羣之馬，真可惡！

高鼎

博士，究竟血紅番茄是什麼名貴東西？為什麼那小偷要不惜一切把它偷去？

AM博士

多說無益，你們直接喝過就會一清二楚——這是我一早保存好的血紅番茄汁。來！一人一杯，別客氣！

三人接過 AM 博士的血紅番茄汁，有點戰戰兢兢……

施汀

我回想起博士昨天一身血紅色，就有點反胃……

高鼎

看起來跟一般番茄汁差不多，只是顏色較紅吧？

施丹

我們數三聲，一口氣喝掉它吧！咕嚕咕嚕……

嘩～！好好喝啊！

AM博士

我沒騙你們吧？不過你們的形容詞太貧乏了吧？應該說——**超級好喝到難以用筆墨來形容！**

施汀

博士我想到新的形容詞——**好喝到衝擊你的味蕾！**

AM博士

竟然懂得運用「味蕾」這個詞彙！那你們知道什麼是味蕾嗎？

施丹

我知道，舌頭上凸起的一粒粒小點就是味蕾。它可以讓我們感受到「甜酸苦辣鹹」五種味道！

AM博士

又錯了！你們究竟有沒有資格加入少年未來科學拯救隊呢？你們對味覺充滿了迷思，**拆解科學迷思概念課程現在開始**，我們舉行一個番茄試食大會吧！

AI DOG

知道！我去準備各種番茄！

AM博士

小偷只偷走了我三盆番茄。但我這個溫室中，還有更多不同品種啊。先考考你們，番茄有什麼顏色？

黃色。
紅色。
還有綠色，不過是未成熟的。
這麼少？還有其他顏色嗎？
沒有了！
各位！餐桌已經準備好了！

嘩！真的好多不同
顏色的番茄！
世上竟有黑色番茄！
有毒的嗎？

AM博士

不同種類的番茄有不同的顏色，也有不同的營養價值，番茄呈現的顏色視乎包含了多少以下的成分：

葉綠素（綠色）	茄紅素（紅色）	β-胡蘿蔔素（黃色）
葉黃素（淡黃色）	花青素（紫色）	

所以會混合出綠色、深紅色、紅色、粉紅色、橙紅色、黃色、紫黑色等不同顏色的番茄。

施丹

為什麼我從沒有看見過紫黑色的番茄？

AM博士

因為紫黑色番茄不甜，人們不喜歡吃又不會掏腰包來買，於是農夫便不種，結果市場上只餘下顏色鮮豔的美味番茄。我們常見的蔬果都是農夫為了迎合市場喜好而精心培植的，**野生蔬果其實有千奇百怪的形狀和顏色**。

高鼎

博士的血紅番茄因為含有極多茄紅素，所以呈血紅色？

AM博士

對，而且茄紅素對人體非常有益。它有抗氧化功效，避免血管硬化；亦能防止身體病變，具防癌效果。

施汀

血紅番茄汁因為含有茄紅素，才能「衝擊我們的味蕾」嗎？

AM博士

不，是另一種物質能夠讓人們味蕾感受到的。但味蕾並不是你們說的舌頭上的小點！

AM 博士
告訴你！

味蕾

味蕾深藏在舌頭上小點之內，要用顯微鏡才可以看見，還有些味蕾分布在口腔上顎表面及咽喉的黏膜上。味蕾內有不同的味覺感受器，負責探測食物中的化學物質。

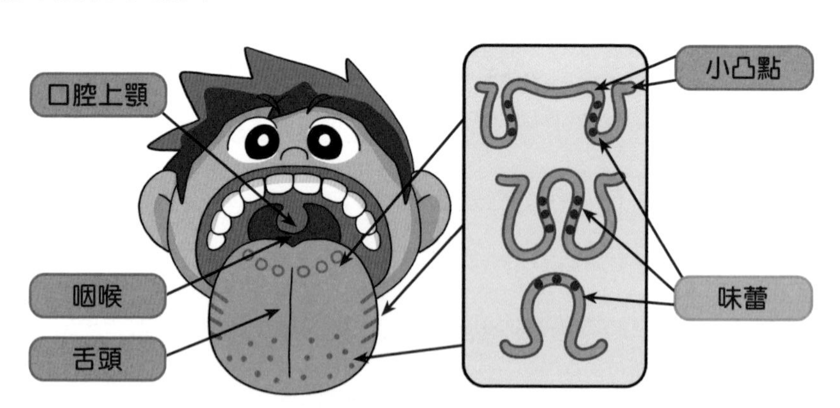
口腔上顎
咽喉
舌頭
小凸點
味蕾

我們進食時，食物中的化學物質會溶解於唾液中，刺激味蕾中的味覺感受器，發出信息，信息沿神經傳送到腦部，讓我們感受出味道。

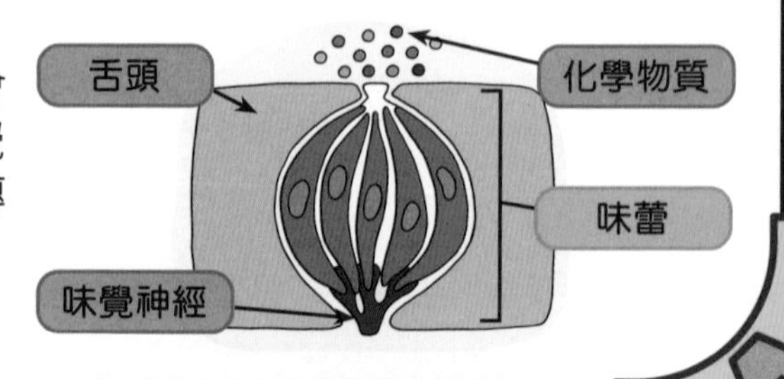
舌頭
化學物質
味蕾
味覺神經

AM博士

既然你們答錯問題，就是接受大懲罰，吃下桌子上的番茄！

施汀

吃番茄是獎勵吧，怎會是懲罰……

嘩！好酸啊！

AM博士

你抽中檸檬味了！這些都是我實驗期間一些失敗作品。**但全靠這些失敗經驗，才讓我研製出各種味道的獨特番茄。**

嘩！我這一顆好苦好澀～～！

AM博士

高鼎你選中苦瓜味？讓我也來吃一顆……味道真不錯！

施丹

為什麼高鼎覺得苦澀的東西，你吃起來卻若無其事呢？

AM博士

成年人約有一萬個味蕾。但人在兒童時期，味蕾數目較多、分布較為廣泛，而老年人的味蕾就會萎縮而數目減少。

施汀

難怪我的公公婆婆可以吃苦瓜、喝苦茶了，原來他們的味蕾數目減少了。

所以我們會稱苦瓜為「半生瓜」。年輕人會覺得苦澀，但活過半生之後，才感受到它的甘味和清爽。

施汀

哥哥！你不是最愛吃的嗎？快選一顆番茄！

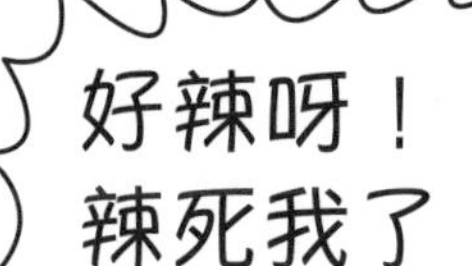
好辣呀！
辣死我了！

AM博士

哈哈！施丹你應該吃了辣椒味的番茄了。

施丹

可……可惡！番茄竟然隱藏了辣味，**真的超級辣到難以用筆墨來形容……衝擊我的味蕾啊！**

AM博士

這樣說就錯了。味覺包括甜酸苦鹹，但辣味並不是味覺，因為味蕾沒有可以感受辣的味覺感受器。當我們吃辣椒或麻辣火鍋時，只是口腔、舌頭和嘴唇產生灼痛以及麻痺的感覺。

高鼎

那麼……如果辣不是味覺之一，那味蕾還有什麼味？

AM博士

第五種味的日文叫 umami，中文為鮮味！這是 1907 年由東京大學池田菊苗教授在海帶湯內發現的。

池田教授發現「穀氨酸鈉」這種白色物質，能夠產生鮮味。後來他申請了專利並大量生產，很多餐館都用來作為調味，令食物更美味——那就是是味精！

到 2000 年，科學家發現味蕾中對穀氨酸鈉的味覺感受器，於是宣布人們舌頭上的味蕾共有五種特定的味覺感受器，分別感受甜、酸、苦、鹹、鮮。

除了海帶湯之外，以下食物都含有鮮味！
海鮮（包括魚肉、蝦、生蠔、貝類等）、乾冬菇、蘆筍、芝士、番茄

施汀

博士，你有在血紅番茄汁中加了味精嗎？

AM博士

不用味精，番茄汁只要撒鹽就可提升鮮味。這些是不同味覺的對比效果，例如我們吃西瓜時可撒鹽，讓舌頭先接觸鹹味，然後再接觸甜味，甜味就會被放大，感覺更加甜！

高鼎

我試過先吃草莓再吃奇異果，感到奇異果比平時更酸啊！

AM博士

另外，食物的溫度和人類的嗅覺亦會影響味覺，例如冰凍的汽水很可口，但室溫下卻變得太甜；患上傷風時，嗅覺失靈，吃什麼東西都淡而無味！

施丹

舌頭實在太神奇了！果然我一生追求美食是對的！

AM博士

你們決定加入我的少年未來科學拯救隊了嗎？現在我贈送隊員福利——每人每天一杯超級好喝到難以用筆墨來形容的血紅番茄汁！

這個隊員優惠實在太吸引了！好吧！看在血紅番茄汁的份上，我們就加入吧！
他們剛才還在猶豫不決，一聽到有好吃的就馬上改變主意了。人類的原則真容易改變……

待續→8.

AM 博士
實驗室

味覺進階小實驗

可以在家中試試啊！

1. 番茄試味

所需工具：各種類型的番茄

前往蔬果店購買不同種類、顏色及大小的番茄，回家洗淨後用嘴巴品嘗，感受哪種類型的番茄含有最多的鮮味。

目的：探究不同種類和大小的番茄，哪種含有最多的鮮味。

2. 糖水試味

所需工具：食物電子磅、紙杯 × 10、有刻度的量杯、筷子、蒸餾水 × 2 瓶、白砂糖、小湯匙 × 實驗參與人數　所需人數：2 人或以上

a. 把 1 克白砂糖倒入紙杯內，然後倒入 10 毫升蒸餾水，攪拌至完全溶解。

b. 預備 9 個相同的紙杯，重複步驟 a，但每次增加 10 毫升蒸餾水。（即第二杯是 20 毫升，第三杯是 30 毫升）

c. 在各紙杯上寫上 1 至 10。（水分最多的是 10、水分最少的是 1）

d. 由 10 號杯開始，用小湯匙舀出糖溶液，用舌頭品嘗。

e. 如未能感受到甜味，舀下一杯溶液品嚐，直至舌頭可以感受到甜味。

f. 紀錄紙杯的編號，並跟其他人比較各自的甜味敏感度。

目的：探究家中不同年紀成員的甜味敏感度。（可利用食鹽取代白砂糖，探究鹹味敏感度。）

1
2
3
4
5
6
7
8
9
10

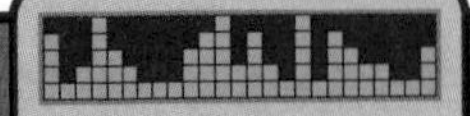

8 竊聽任務

~固體和液體可以傳播聲音嗎？

破解「聲音傳播」迷思概念挑戰題

以下有關「聲音傳播」的迷思，你認同嗎？

在適當的方格裏加✓吧！

	是	非
A. 聲音是波動的一種，稱為「聲波」。	▢	▢
B. 聲波是一種能量。	▢	▢
C. 聲音需要媒介把能量從聲源向四方傳播開去。	▢	▢
D. 在真空的情況下，聲波不能傳播。	▢	▢
E. 人們日常談話不需要空氣作為媒介。	▢	▢
F. 聲波不可以在水中傳播。	▢	▢
G. 聲波不可以在固體傳播。	▢	▢
H. 聲波在空氣傳播的速度比在水中快。	▢	▢
I. 聲波是在金屬傳播的速度比在水中傳播的速度快。	▢	▢

正確資料可在此章節中找到，或翻到第 144 頁的答案頁。

AM博士

歡迎三位加入新成立的少年科學隊！我們第一件要做的工作是……

施丹

第一件工作當然是「選隊長」！我要做男隊長！

施汀

如果哥哥是男隊長，那麼我就做女隊長！

高鼎

那麼我只能做隊員？不要！我不要做隊員！

高鼎你做高隊長吧！一致通過！
我們開始討論任務吧！

男女隊長和高隊長比較，哪個較高級呢？

施丹

博士，小偷為什麼要把你研究的血紅番茄偷去呢？因為超級好喝嗎？

AM博士

不是，世界上只有我們四個人喝過血紅番茄汁，其他人還未知道它的味道。

《萬能科學報》刊登了我的論文《血紅番茄初步研究成果》，引起了科學界關注。之後有很多投資者希望收購我的專利，大量種植血紅番茄，賺取豐厚利潤。

高鼎

《萬能科學報》是**世上最權威的電子科學期刊**！好厲害！博士你把研究資料出售了嗎？

AM博士

不！我沒有打算跟任何人合作，因為血紅番茄還不完美，尚有一項終極月球實驗未能完成。

施丹

只要我們把電腦、血紅番茄和研究資料奪回來，之後你再幫我們奪得發明大賽冠軍，一切就變完美！

AM博士

好。我的電腦現正位於「如月中天集團大廈」。我們要儘快到那裏把它奪回——就在今日！

轟隆～～～！
什麼？今日就出發？

AM博士

少年科學隊做事要迅速，殺對手一個措手不及啊！

施汀

博士你剛才也聽到雷聲吧？快要下雨了，我們外出遠行也要有準備啊。

AM博士

我讓你們回家準備雨具吧！下午 2 時，準時在如月中天集團大廈的正門集合！ AI DOG，把大廈的位置傳給他們！

下午2時

如月中天集團大廈
我在萬能網看得多，今天是第一次親眼目睹！
嘩！這大廈好宏偉好特別！
為什麼你們可以這樣輕鬆的，我好緊張啊。

AM博士
各位隊長，你們很團結，穿了同一套運動套裝啊！

施丹
我們決定以後每次執行任務時，都要穿上這威風的制服，其實這是我們在學校新訂製的**防水運動裝套**來的。

AM博士
AI DOG 為你們各人列印了代號貼布，把它們貼到制服上，就真正威風了！

AI DOG
現在向各隊員頒發代號貼布——

施丹，你的代號是 **STEM**，代表你在科學 (S)、科技 (T)、工程 (E) 和數學 (M) 各方面都有潛質！

施汀，你的代號是 **STEAM**，代表你除了有 STEM 潛質外，更擁有多一項藝術 (A) 的長處！

高鼎，你的代號是 **CODING**，代表你擁有邏輯思維和編程的天分！

施汀：來！我們在大廈前先拍攝一張「**少年未來科學拯救隊執行第一次任務**」的紀念照片吧！

大家對着鏡頭笑啊～三、二、一！
卡嚓！
STEM
STEAM
CODING

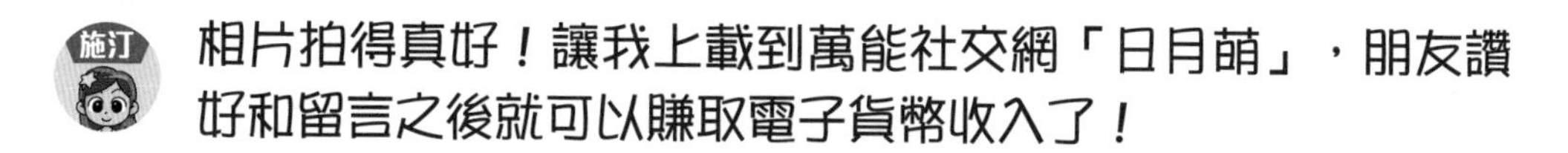

施汀：相片拍得真好！讓我上載到萬能社交網「日月萌」，朋友讚好和留言之後就可以賺取電子貨幣收入了！

AM博士：萬能社交網？上載相片後，還可以賺取收入？

施丹：對，因為這程式沒有廣告，所以我們若要在朋友的帖文上留言和讚好，都要用電子貨幣付款的。

AM博士：且慢，我不批准你們上載這相片！如果相片曝光，全世界都知道我們來了如月中天集團大廈啊！

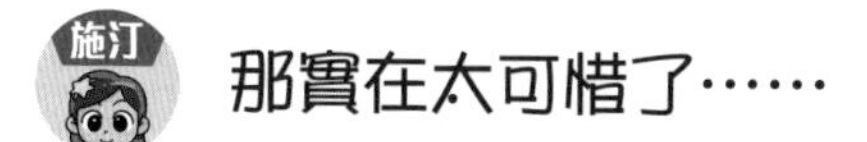

施汀：那實在太可惜了……

高鼎：等事件解決後，你再上載吧！

AI DOG：聽好！現在來開作戰會議。

現在先安裝「升級探測程式」，當你們的智能手錶一接近我的電腦，就會持續震動和發放位置資訊。另外，如果稍後無法用智能手錶通訊，你們就用最原始的**固體傳聲方法**吧！

高鼎：什麼？固體也可以用來傳播聲音嗎？

AM博士：固體當然可以傳播聲音！但現在沒時間談科學迷思了。AI DOG，請告訴他們行動詳情。

知道！以下說明今日的行動：

AM 博士
- 博士向門口的真人保安員施展催眠術。

AI DOG
- AI DOG 改變閉路電視影像，令畫面看起來一切如常。

隊員
- 趁機闖入大廈，每位隊員巡查七層樓，找出博士電腦的所在。

- 發現電腦的智能手錶會震動，首先發現的隊員記住房間編號，然後通知博士和其他隊員。

- 半小時後離開大廈，在大廈另一面的緊急出口集合。

施丹：博士，如果途中遇到員工，怎麼辦？

AM博士：今日是放假日，應沒人上班的。科技發明大賽的面試日是一個月後，地點正是這大廈。你們就扮作學校代表，但看錯日期，又跟老師失散了吧。

高鼎：面試？我還未構思我的作品啊。

AM博士：總之隨機應變吧！你們先躲起來，我和 AI DOG 準備進去了！ 大家小心啊！

＊＊＊＊＊＊

AM 博士抱着 AI DOG，直走向大廈的入口詢問處。

AM博士：不好意思，我約了你們的總裁麥理爸爸 2 時半見面，商討這玩具狗的開發計劃，請問他在哪一層？

保安員

麥理爸爸？讓我看看……他正在會見客人啊！

博士，我已改變了閉路電視的影像，畫面會停留在半小時之前，這一刻詢問處無論發生任何事情，閉路電視都拍攝不到。

AM博士

做得好！那麼，保安員先生……

讓我告訴你一些知識……圓周率的數值是：
3.14159265358979323846264338327950288……

保安員

你在說什麼？嘩啊，好頭痛……

＊＊＊＊＊＊

高鼎

AI DOG 給我們信號了！博士正在使用「圓周率催眠法」把門口的保安員弄暈了，好厲害！

施丹

我們趁機進去，分頭乘升降機到各層數！

施汀

我們每人各進入一部升降機，每人巡查七層樓！七二一十四、七三一十八……我要到 18 樓嗎？

施汀算錯了 7 的乘法，本來要到 21 樓但直上了 18 樓……

＊＊＊＊＊＊

「叮！」

施汀

一來到 **18** 樓，手錶震個不停啊！這麼快就找到博士的電腦了？那就要儘快通知大家了！大家聽到嗎？**18** 樓……

施汀一轉身，眼前突然出現了一個西裝非常筆挺的人！

小妹妹，你為什麼會在這裏？
是麥理爸爸！

麥理爸爸

小妹妹你別緊張，**我是麥理爸爸**，不是吃人爸爸。你剛才說什麼「聽到嗎」，難道你在找媽媽？

施汀

呀！對對對！**我跟媽媽失散了！**

＊＊＊＊＊＊

「叮！」

高鼎收到施汀的信號後，也來到 18 樓。但一出升降機門就遠遠看到施汀和麥理爸爸，只好先躲到逃生樓梯。

男隊長！我已到 **18** 樓了！聽到嗎？

我正在爬樓梯上來支援……好辛苦，我聽不清楚你們說幾多樓……

外面有人在，不能大聲說話，怎樣通知你呢？博士剛才說可以用固體來傳聲。這個**金屬扶手**是一直連着樓下的，不如……

「答答答！答答答！」

高鼎情急智生，用手指不斷敲打金屬扶手，希望可以讓樓下正在爬樓梯的施丹聽到……

5 分鐘後……

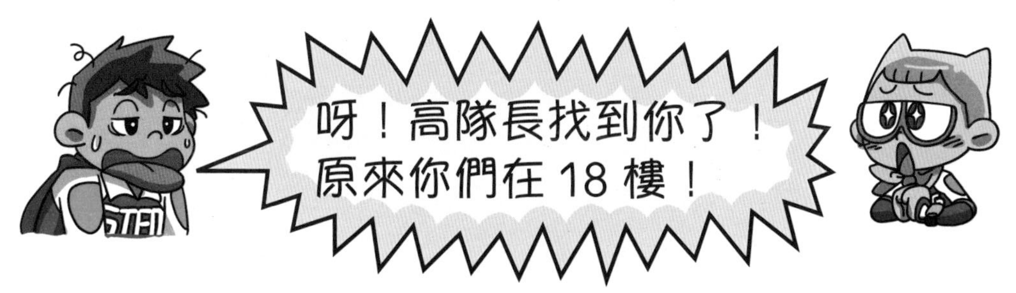
呀！高隊長找到你了！
原來你們在 18 樓！

男隊長！你真的聽到我敲打扶手發出的信號嗎？

我把耳朵靠向扶手就聽到！固體真的可以傳播聲音……但我要休息一下……爬了十幾層樓梯好辛苦……

我看到女隊長已把外面的人引開了。來吧！一出走廊，手錶就震動得很厲害啊。

施丹
就是這房間的信號最強！為什麼這裏是用小數來標示房間碼的？

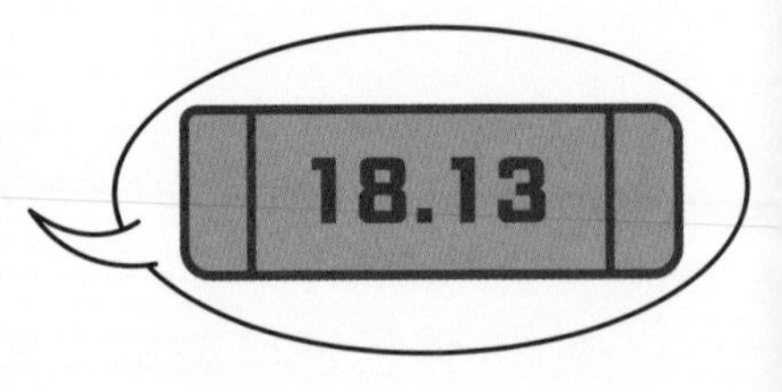
18.13

高鼎
我們記住這房間編號，通知博士就行……

突然間，18.13 室的大門開了！眼前的是——

麥理爸爸你在外面嗎？
你讓我苦等太久了吧！
是昨天的人形仙人掌！他就是小偷！
博士的電腦真的在裏面！

小偷
原來是兩個小孩子，你們來做什麼？

施丹
先生你好！我們是代表熱血高級科技小學來參加科技發明大賽面試的，但跟老師失散了。

小偷

我不知道什麼面試，你們找麥理爸爸去問吧！

施丹

明白。那麼……不打擾你，我們告辭了……

小偷

慢着！你們兩個很面善，我們有沒有見過面？

施丹

應該沒有……我們是第一次來這裏的！

小偷

算了吧！再見！

「砰！」大門自動關上。

高鼎

呀！嚇死我了，剛才好緊張啊！

施丹

高隊長你要冷靜一點啊。

高鼎

但我看到小偷身後有一部殘舊的電腦，一定是博士被偷去的那一部！我們立即通知博士吧！

明白，電腦在 18.13 室。閉路電視鏡頭即將回復原狀，請你們立即撤退！

做得好！但是女隊長還沒有回音，我會繼續給她信息，請她立即撤退！

＊＊＊＊＊＊

這時候，施汀正在享受她與偶像共處的時光……

施汀：麥理爸爸你太體貼了，竟然親身陪我找媽媽。

麥理爸爸：沒關係。施汀妹妹你的英文名叫 STEAM 嗎？你一定很喜歡科學和藝術了。咦？你的智能手錶在震動啊。

施汀：呀！謝謝你提醒，讓我看看……

女隊長：
已找到電腦在
18.13 室。任務
結束，速逃！
STEAM
糟糕了！我完全
忘掉了任務！

麥理爸爸：怎樣？是你媽媽找你嗎？

施汀：對呀！媽媽留言說她已在地下大堂等着我了。

麥理爸爸：要我陪你到地下嗎？

施汀：謝謝你，我自己去就行。麥理爸爸！再見！

＊＊＊＊＊＊

五分鐘後，施汀終於逃出大廈，走到大廈另一面的緊急出口，跟大家會合。外面正在下着滂沱大雨。

AM博士

三位隊長執行第一次任務就非常成功，值得嘉許！可惜我沒機會親身上去取回電腦。

施汀

我還遇到我的偶像麥理爸爸啊，他的人真好！

施丹

施汀你令我們很擔心啊！原來是去了見偶像！

AM博士

但全靠你的情報，我們已掌握電腦的所在位置是 *18.13* 室，**AI DOG** 已直飛 *18* 樓，在 *13* 號房的窗外準備偷聽了！

施汀

我看到 **AI DOG** 正伸出一個聽筒，隔着牆壁也可以聽到室內的對話嗎？

施丹

原來固體真的可以用來傳播聲音的。剛才我和高鼎已經用樓梯的金屬扶手實驗過了！

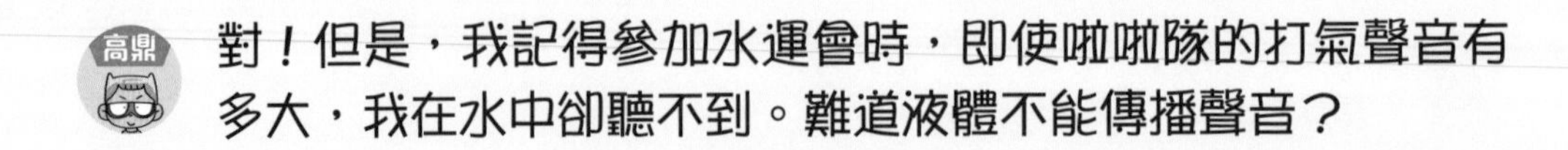

高鼎：對！但是，我記得參加水運會時，即使啦啦隊的打氣聲音有多大，我在水中卻聽不到。難道液體不能傳播聲音？

施汀：我知道即使我用巨大揚聲器對着月球大叫，由於地球與月球之間沒有空氣，聲音不可以傳播到月球上呀！

AM博士：AI DOG 還在竊聽中。趁現在有少許空檔，我為你們加開一個**拆解聲音科學迷思概念的臨時短期課程吧！**

AM 博士
告訴你！

聲波的傳播

聲音是波動的一種，稱為「聲波」。聲音需要媒介透過波動把能量從聲源向四方傳播開去。聲波不可以在真空傳播，而我們日常談話，需要空氣作為媒介才能傳播聲波。

聲波在不同媒體的傳播速度：（在溫度 20℃下）

空氣中：	每秒約 343 米
水中：	每秒約 1463 米
鋼鐵中：	每秒約 5200 米

比較數據

民航飛機速度：	每秒約 265 米

聲音在固體和水中傳播的速度比空氣中更快，而且快過民航飛機！

液體能傳播聲音，但為什麼我在水中卻聽不到啦啦隊的打氣聲呢？

因為人類耳朵的特殊構造，耳道及耳膜是專門接收由空氣傳播的聲波震動的，所以在水中較難感受水中傳播的聲波。

博士！ 18.13 室內的光線很微弱，我在窗上只看到自己的倒影，無法拍攝。竊聽工作順利，我現正錄音並分析中——

光亮房間
黑暗房間
室內的光線很微弱……
室外較光、AI DOG 只
看到自己的倒影……

博士！裏面的小偷豈不是可以看到窗外的 AI DOG 嗎？

對！是我疏忽了！

博士，你看！ 18.13 室有人「開槍」啊！

開槍？糟糕！事情敗露了！我要馬上營救 AI DOG，大家立即疏散，之後回到我的研究所集合！

待續→9.

AM 博士
實驗室

聲音傳播進階小實驗

可以在家中試試啊！

1. 桌子傳聲法（固體傳播聲音）

所需工具：桌子　所需人數：2 人

把耳朵緊貼桌面，請朋友在桌面用手輕叩桌面（但不能用大力），測試你會否聽到巨大而清晰的聲音，甚至比朋友聽到的更清晰。

目的：探究聲波可以在固體傳播。

2. 電話筒傳聲法（固體傳播聲音）

所需工具：紙杯 ×2 至 4、棉繩或尼龍繩約 1 米　所需人數：2 至 4 人

a. 用 4 個相同的紙杯，在底部以棉繩如右圖般連結起來。

b. 其中一人對着紙杯輕聲説話，測試其餘三人能否從紙杯聽到聲音。

目的：探究聲波可以在固體傳播。

3. 水底傳聲法（液體傳播聲音）

所需工具：硬物（如石頭）×2　所需人數：2 人　所需地點：泳池

（必須在家長陪同下進行水上活動。）

a. 與朋友到泳池，其中一人如右圖的高鼎般，把頭和耳朵沉入水中。

b. 另一人如施丹般，在水中用兩塊石頭互相敲擊。

c. 測試能否在水中聽到敲擊石塊的聲音。

目的：探究聲波可以在液體（水中）傳播。

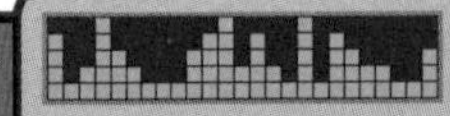

9

辦法總比困難多

~ 彩虹只有七種顏色嗎？

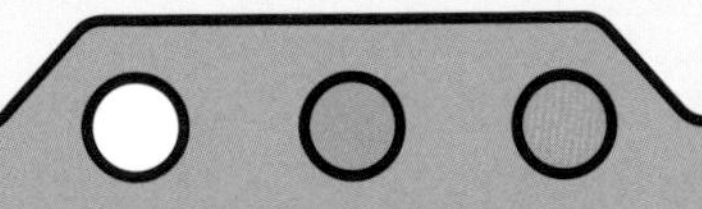

破解「彩虹」迷思概念挑戰題

以下有關「彩虹」的迷思，你認同嗎？

在適當的方格裏加✓吧！

	是	非
A. 彩虹只有七種顏色。	☐	☐
B. 如果上午下雨，中午時分太陽出來，彩虹會高高掛在天頂。	☐	☐
C. 如果日出前下雨，日出後停雨，我們有機會在東方看到彩虹。	☐	☐
D. 如果下午下雨，日落前有陽光，我們有機會在東方看到彩虹。	☐	☐
E. 伽利略最先使用三稜鏡把陽光折射成彩虹。	☐	☐
F. 彩虹是一個連續彩色光譜，可以説是有無數多種顏色光。	☐	☐

正確資料可在此章節中找到，或翻到第 144 頁的答案頁。

豆大的雨點淅瀝淅瀝地下着，少年科學隊、AM 博士和 AI DOG 冒雨逃回研究所。大家一邊把頭髮吹乾，一邊從長計議……

施汀

溫室果然很溫暖！幸好我們的制服都是防水的，否則早已渾身濕透了。

AM博士

你們剛才不是說有人「開槍」嗎？怎麼我聽不到槍聲？

施丹

開槍？哪有這樣恐怖，我是說「開窗」啊。是門窗的「窗」，不是手槍的「槍」。

AM博士

嚇死我了，你說清楚嘛！不過，幸好在犯人開窗那一刻，AI DOG 成功拍到他們的臉孔，查出他們的身分了！

AI DOG

投影 18.13 室的修正影像——

經過人臉分析，他們
100% 是壞人！
是麥理爸爸？
不可能的！

高鼎

剛才那個小偷的確說過，他正在房間等候麥理爸爸。他們是早已約好的！

我已進行人臉辨識，他就是昨天闖入研究所的小偷，是專門替人盜竊商業秘密的間諜、惡名昭彰的**梁君子**！

吓？做小偷還被尊稱君子？

「梁君子」是他的綽號，意思是**「樑上君子」一扒手是也！**

我現在把剛才偷聽到的聲音清晰化，並消除雜音，大家先聽清楚，再分析情況吧。

如月中天集團大樓 18.13 室　對話重播

篩選條件： 麥理爸爸的話 及  梁君子的話

你是怎樣把那個大傻瓜的電腦和血紅番茄弄到手的？

大傻瓜是指 AM 博士嗎？

研究所的保安形同虛設，血紅番茄的盆栽又有木牌指示，我輕而易舉就得手了。怎料，門外突然傳來三個笨小孩的聲音，他們還走進來了。於是我就施展偽裝術，變成仙人掌一般，一動不動。待他們沒留意時，就捧着三盆血紅番茄和電腦離開了。

笨小孩一定是指你們。

那個孤僻的大傻瓜竟然有朋友！你肯定沒有留下指紋？

我戴着全世界獨有的「指紋手套」，只會留下其他人的指紋，怎會留下自己的指紋那麼笨？我只是好奇，為什麼你只給我一天時間破解那部電腦？

大傻瓜的《血紅番茄》論文上月在《萬能科學報》刊登了，我覺得大有「錢途」，看在老同學的份上，我就聯絡他，收購他的專利。但他就是拒絕我！說什麼月球低重力終極實驗未完成。

麥理爸爸跟博士是老同學嗎？

現在還有人關心這些事情？還有不愛錢只愛科學的人嗎？

我游說大傻瓜馬上在月球大量種植，申請在月球註冊上市，先賺取一筆利潤。昨天原本是申請截止日，但大傻瓜仍未回覆我。所以我唯有設法申請延遲一天交計劃書……

在極罕有情況下才可成功申請延遲的。難道昨天早上的罕見意外，是你幹的好事？

熟悉科學就是有好處！我趁昨天是太陽黑子到了極大值，利用無人機撞擊電能輸送裝置，偽裝成太陽風暴導致停電，破壞地月星際通訊系統。

什麼？昨天的事故不是意外？

然後你成功順延一天時間，給我偷取血紅番茄、破解電腦，然後你補交血紅番茄賺錢計劃書，明天順利上市！

你只猜對一半！我會獨自開發「紅月亮番茄」。這個計劃沒有他份！明天的股東大會，我會聲稱紅月亮番茄培植自月球寧靜海地區，但實際賣的卻是血紅番茄的複製品。

明天我把大傻瓜的血紅番茄當作是紅月亮番茄，分給嘉賓試食，讓他們讚賞一下吧！

有創意！我就正式聘請你當本集團的創意總監吧！你去準備紅色射燈，明天在台上把番茄照得更加血紅色！

好！我為三盆血紅番茄拍下了立體照片，你要看看嗎？

不用了，外表還不是普通的番茄？我現在要主持科普講座了，那些事交給你這創意總監包辦。

科普講座？你不是要當什麼發明比賽的評判嗎？剛才有兩個笨小孩，說要來參加比賽面試。我見他們身上寫着 STEM 和 CODING 的！

我也在走廊遇到一個女孩，身上寫着 STEAM！我還以為她是我的擁躉……今日不是面試日！他們三人一定是大傻瓜派來的！

他們提起我們了！
STEM

他們應該還在附近……你看！窗口有一部機械狗！
豈有此理！快開窗收拾它！

沙！沙！沙！沙！沙！沙……

AI DOG
對話內容完畢了。

AM博士
果然是麥理爸爸！我跟他其實是大學物理系的同學，早知他不是好東西，但現在變得更奸狡！

施汀
沒可能的！麥理爸爸怎會是這樣的人？

施丹
施汀你信錯人了！剛才你還在偶像面前亂說話……

嘩呀～我不知道啊～～！

施汀心情悲憤，哭着離開研究所，往外面跑掉了！

施丹
哼！施汀每次被人怪責，都是這樣子逃走的。

高鼎 施丹，別吵了，我們是新成立的少年科學隊，施汀是女隊長啊。我們去把她找回來吧。

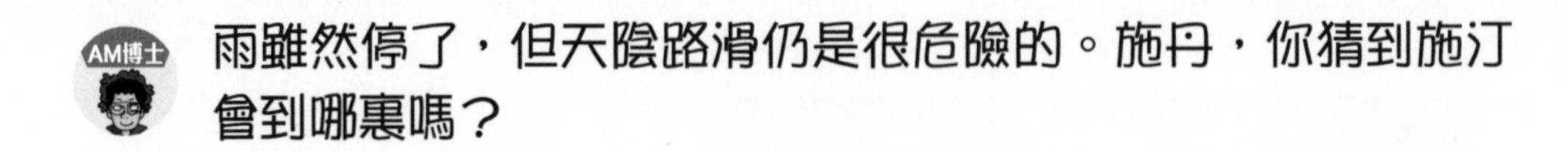

AM博士 雨雖然停了，但天陰路滑仍是很危險的。施丹，你猜到施汀會到哪裏嗎？

施丹 雨停了嗎？那麼施汀一定會去找彩虹了。她每次不開心時，都說要去找彩虹，但每次都找不到。

AM博士 彩虹嗎？我知道這一帶哪個地方最容易看到彩虹——

＊＊＊＊＊＊

AM 博士帶大家到了昨晚一起看「日月同輝」現象的沙灘，果然看到施汀在抬頭東張西望，正在找彩虹。

施汀果然在這裏，施丹你快道歉吧！

施汀 你們別騷擾我找彩虹！我相信雨後有陽光就有彩虹，只要找到彩虹，所有事情就會變好。

AM博士 雨後天晴的確是有機會看到彩虹的，但也要看時間和方向。施汀，我們陪你一起找彩虹，你不要難過吧！

施汀 每逢雨後天晴，無論是早上、中午、傍晚，每次我都望向太陽方向，但從沒找到彩虹！

AM博士

不是面對太陽，你必須要**背向太陽**，才能看到彩虹啊！

AM 博士
告訴你！

觀察彩虹攻略法

看彩虹要配合時間和背向太陽：

上午

東　　　　西

STEM

如果日出前下雨，日出後停雨。太陽在東方，我們背向太陽，有機會在西方看到彩虹。

下午

東　　　　西

STEM

如果下午下雨，日落前停雨。太陽在西方，我們背向太陽，便有機會在東方看到彩虹。

施丹

那麼中午呢？

AM博士

中午的太陽高高掛在頭頂正上方，是看不到彩虹的。

施汀

現在的時間近傍晚，太陽在西方，所麼我要背向太陽，望向東方……讓我仔細看清楚……

真的有彩虹呀
真正的彩虹比網上的夢幻得多啊！

高鼎

這樣美麗的東西，為什麼總要到雨後天晴時才能看到呢？

AM博士

如果可以隨時隨地看到彩虹，你們還會珍惜嗎？

雨後放晴，天空中仍殘留很多雨滴。陽光由不同顏色的光混合而成，不同顏色的光在雨滴裏有不同的折射角度。

當我們背着太陽，在特定的角度才會有機會見到陽光在雨滴裏經過**兩次折射**和**一次反射**產生的彩虹。

從右圖可見，陽光經過很多雨滴的折射和反射，才能形成彩虹。

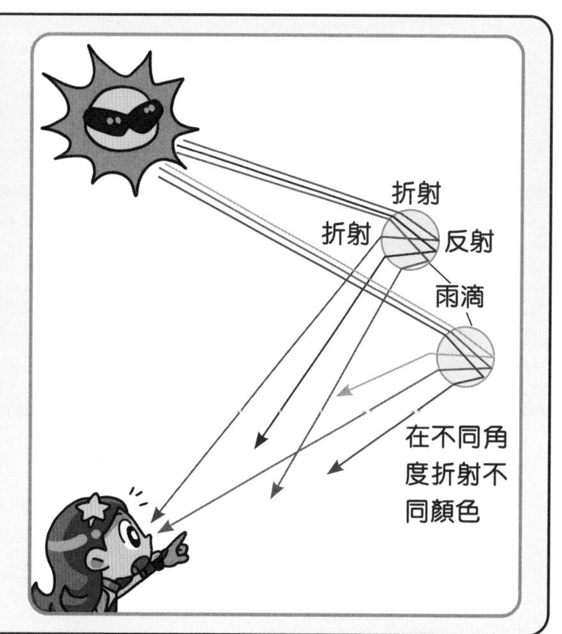

折射
折射
反射
雨滴
在不同角度折射不同顏色

施汀

這道彩虹真大～上面的七種顏色看得很清楚啊！

AM博士

你們常說彩虹有七種顏色，現在再看清楚、數清楚彩虹有哪幾種顏色吧？

當然是紅、橙、黃、綠、青、藍、紫七種！

我見到紅、橙、黃、綠、藍、紫六種！我眼睛有毛病嗎？

我見到七種，但藍色和紫色之間的顏色不懂怎樣形容。

AM博士

這就是大家常見的科學迷思了！讓我介紹你們認識一個偉大科學家吧！

AM 博士
告訴你！

牛頓與三稜鏡

常見三稜鏡有兩種，分別是等邊三角形或直角三角形為底的三角柱體。

而最先使用等邊三稜鏡把陽光折射成彩虹、出現色散現象的科學家，就是——牛頓！

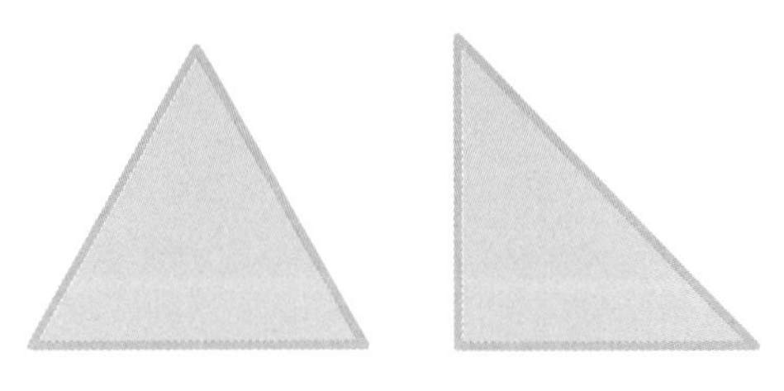
艾薩克．牛頓
英國科學家
（1643-1727）

牛頓使用三稜鏡把陽光折射成彩虹，他依據古希臘哲學家的想法，自然界現象多與**「七」**相關，例如太陽系**七個星體**（當時只知有金星、木星、水星、火星、土星、太陽和月亮）、一星期有**七天**、樂理有**七個音階**，所以先入為主地把彩虹光譜硬分成**七種顏色光**：紅、橙、黃、綠、藍、靛、紫。

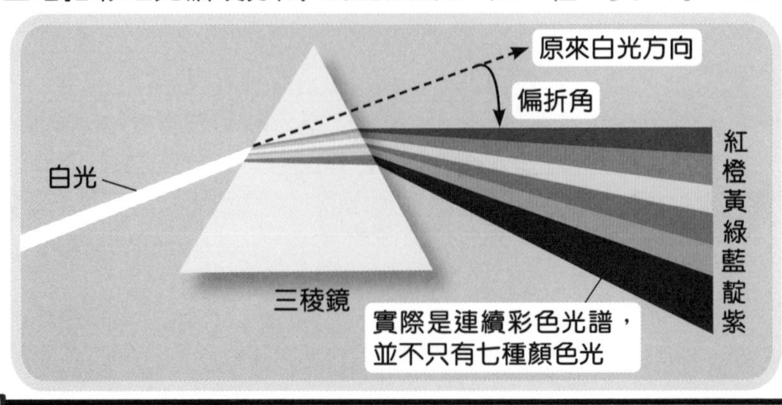
原來白光方向
偏折角
白光
三稜鏡
紅
橙
黃
綠
藍
靛
紫
實際是連續彩色光譜，
並不只有七種顏色光

AM博士

高鼎，你剛才不懂怎樣形容藍色與紫色之間的顏色是「靛」，粵音是「電」，英文是”indigo”，即是深藍色。

高鼎

那麼我們說彩虹有七種顏色的光，是對還是錯呢？

AM博士

不完全對，事實上太陽白色光折射出來的彩虹是一個**連續彩色光譜**，可說是有無數種顏色光。有人只看到四、五種顏色光，但有人卻看到七種以上的顏色光。

博士，謝謝你。我重新振作了！背着陽光才能找到彩虹，即使眼前看似絕望也不能放棄！
白光化成無數不同顏色的光，代表辦法總比困難多。
麥理爸爸這些壞人，我決定不再崇拜他了！

AM博士

那就好了！少年未來科學拯救隊明天就勇闖如月中天集團的股東大會，揭發麥理爸爸和梁君子的陰謀！

施丹

明天不行啊！因為現在是「上學一天、休息一天」，明天是上學日，我們不能逃課啊！

AM博士

什麼？那怎麼辦？

待續→10.

AM博士
實驗室

彩虹進階小實驗

可以在家中或出外試試啊！

1. 尋找天上的彩虹

所需工具：指南針或手機應用程式

所需環境：雨後有陽光的早上或下午

東
西

a. 上午，如果日出前下雨，日出後停雨。當太陽在東方，我們可以抬頭看西方的天空（即背對太陽），有機會看到彩虹。

東
西

b. 下午，如果下雨，日落前停雨。當太陽在西方，我們可以抬頭看東方的天空（即背對太陽），有機會看到彩虹。

目的：觀察陽光被化成連續彩色光譜的色散現象。

2. 自製彩虹

所需工具：三稜鏡（或盛水透明玻璃水杯、透明筆桿）、黑色紙、電筒

a. 先找一個有陽光照射的地方，在桌上或地面放一張黑色紙。（如室內沒有陽光，可以電筒的白光取代）

b. 利用三稜鏡把陽光折射往紙上，形成彩虹。（如沒有黑色紙，可以用自己的影子形成陰暗處）

c. 細心觀察及數算彩虹上的不同顏色。

目的：探究光線被折射成連續彩色光譜的色散現象，觀察連續光譜上的顏色。

10 股東大會真相大白

~色盲人士眼中只有黑白灰？

破解「色盲」迷思概念挑戰題

以下有關「色盲」的迷思，你認同嗎？

在適當的方格裏加✓吧！

	是	非
A. 有全色盲的人像盲人一樣看不到東西。	□	□
B. 色盲是先天的。	□	□
C. 色盲的人需要戴近視眼鏡才能看清楚物品。	□	□
D. 有「紅綠色盲」的人，只能看到紅、綠二色。	□	□
E. 有「紅綠色盲」的人，分辨不到紅、綠二色。	□	□
F. 有色盲的人絕大部分是男性。	□	□
G. 如果母親擁有色盲的基因，雖然她沒有色盲，但是其所生的兒子將有可能有色盲。	□	□

正確資料可在此章節中找到，或翻到第 144 頁的答案頁。

第二天清早，AM 博士獨自在研究所，仍在埋頭苦腦，思考對付麥理爸爸的方法……

2080 年 3 月 26 日 07:00 **財經新聞報告** 星期二（工作日） 農曆三月初六

如月中天集團「紅月亮番茄計劃」今日於月球上市

如月中天集團以前日的交通癱瘓和地月通訊故障為理由，向月球股票監督局申請順延一天補交計劃書，獲得特別批准。

集團昨晚呈交了計劃書，今天成功獲批准上市。集團將於今天下午 2 點舉行股東大會披露詳情。

如月中天集團成功研發在月球寧靜海地區的地底溫室培植「紅月亮番茄」
麥理爸爸的申請計劃成功了！
真的偷用我的血紅番茄，改成紅月亮番茄！

AM博士

少年科學隊今天要上學，我只好和 AI DOG 兩個到如月中天集團的股東大會了……

早晨！博士開門呀！
我們來了～！
CODING
STEAM
STEM

AM博士
你們不是說今天是上課日嗎？來錯地方了吧？

施丹
今日是上課日，但我們跟鄧老師說要以學生記者身分去尋找發明大賽的靈感，還有家長的指紋確認，所以得到老師的批准！

AM博士
太感激你們了！我們今日就當眾拆穿如月中天集團的陰謀。不過我還未有確實的作戰計劃。

施汀
還未有？昨天我們不是說「辦法總比困難多」嗎？

AM博士

我正為此事煩惱。我在月球找不到幫手去到寧靜海地區，調查那裏有沒有紅月亮番茄的地底溫室。

高鼎
施汀他們的親戚——雅典娜同學住在月球風暴洋地區，下月才會搬去寧靜海的新發展區居住，她幫不了我們啊。

對了，博士！但願人長久，
千里共嬋娟！

施丹
這是博士昨天唸的《水調歌頭》！對了，博士也有一位朋友居住在月球，可以聯絡那人幫忙啊！

隨便打擾別人，不是我的作風！我現在還要準備如何進去股東大會，有很多事情要辦。你們等一下，喝杯番茄汁吧！

少年科學隊等了兩小時，AM 博士不知從哪裏弄來了股東大會的入場請柬，然後大家就浩浩蕩蕩向會場出發！

＊＊＊＊＊＊

八星級「日月地星酒店」宴會廳——如月中天集團股東大會

好厲害！今天這活動是全城焦點，政府官員、商界嘉賓、集團股東及傳媒記者都雲集呢！

即使人再多，還是避不過麥理爸爸的，我們主動上前吧！

麥理爸爸，你成功「獨力」研發紅月亮番茄，我當然要來恭喜你啊。
AM 博士，多次聯絡你也沒有回音，竟然在這裏重遇你！
小鬼，你們又走失了嗎？
可惡！你這人形仙人掌！

麥理爸爸

為什麼你可以進來這會場呢？是偷偷摸摸走進來的？

AM博士

你忘了嗎？當年你創立的公司上市，向舊同學派送公司股票。我一直沒放賣，所以仍然是集團小股東，當然可進場。

麥理爸爸

你這麼念舊？ 那麼你昨天派一班小鬼和機械狗來我的大廈有什麼企圖？

他們是少年未來科學拯救隊的男隊長、女隊長和高隊長。他們將來必定成為偉大科學博士，而且比你正氣！

麥理爸爸

將來？果然是英雄出少年！你是施汀妹妹吧？你今日是不是來找我索取簽名呢？

施汀

麥理爸爸請你放心！我已經死心了，以後也不會再找你！

梁君子

麥理爸爸，股東大會即將開始。你隨時可以上台致詞。

麥理爸爸

好！創意總監，我已沒有興趣跟他們談，開始吧！

＊＊＊＊＊＊

歡迎各位，我是麥理爸爸！我宣佈集團在月球寧靜海地區建設的地底溫室，已取得科技大突破，成功培植紅月亮番茄！

創新產品今天首度亮相！創意總監開啟紅色了射燈！三、二、一！紅月亮番茄——

嘩！這就是紅月亮番茄？
外表紅豔欲滴、超級健康的——紅月亮番茄！
黑色？
喂！說好的紅色呢？
這是黑月亮番茄啊！
吓？紅月亮番茄是黑色的！

麥理爸爸
紅色射燈壞了嗎？創意總監快關掉它！

梁君子一臉莫名其妙，不知所措地關掉紅色射燈。然後台上的番茄現出真面目——綠色！

施丹
哈哈！今次變了綠色——綠月亮番茄啊！

麥理爸爸忍住怒火，把梁君子拉到後台，重新檢查他們的番茄——數以百計的番茄之中，竟然有紅有綠！

麥理爸爸

梁君子！我要你把 AM 博士的血「紅」番茄搶到手，為什麼這裏的番茄有紅有綠？你還千挑萬選，拿一個綠色的上台？你眼睛瞎了嗎？

梁君子

有紅有綠？不，我只是想挑一個最圓最大的上台……

麥理爸爸

下一個試食環節不容有失！快選紅色的出去給嘉賓吃！

麥理爸爸沉着臉回到台上，然後又回復了平日的笑容。

剛才我只想提醒大家不要亂吃綠色番茄！我們現在挑選最紅的紅月亮番茄給各位品嘗，讓你們舌頭上的味蕾感受紅月亮番茄難以用筆墨來形容的鮮味！

AM博士

麥理爸爸這傢伙，連演講詞都抄襲我！

梁君子把切好的紅月亮番茄逐一捧到嘉賓桌上，今次的番茄外皮的確是紅色的，但大家正在猶豫可否吃下。

施丹

真的可以吃嗎？連最貪吃的我也不敢吃啊……

AM博士

不入虎穴，焉得虎子！我們來到這裏就是要揭發麥理爸爸的陰謀啊，鼓起勇氣吃吧！

好酸啊！
呀！好苦好澀！
怎樣是檸檬味的！
怎麼會這樣？
你想毒死我們嗎？

嘉賓試食後的慘叫聲此起彼落，還把未吃的番茄扔回台上。

施丹

又酸又苦的番茄？難道這些是我們昨天在試味實驗中嘗過的失敗實驗品？

AM博士

對，梁君子自以為偷走了三盆血紅番茄，但他偷的卻是兩盆紅色的失敗實驗品。還有一盆是另一品種的「牛番茄」，因為還未成熟，所以是綠色的。

高鼎

但溫室的地上不是有一塊寫着「血紅番茄」的木牌嗎？

AM博士

血紅
番茄

那個木牌原本掛在血紅番茄後面的牆上，不過某天掉下來並斷開了，我看到牛蕃茄旁邊有空間，便把木牌暫時擱在那裏。我早說過，研究所看似凌亂，但我覺得井井有條、亂中有序，怎會料到有小偷進來亂偷東西！

施汀

難怪你的東西被偷走，一直也這麼鎮定，今早還有鮮榨的血紅番茄汁給我們。

麥理爸爸衝上滿是爛番茄和番茄汁的台上，搶了揚聲器。

麥理爸爸

各位嘉賓請勿誤會！紅月亮番茄被人掉包了……

AM博士

各位！紅月亮番茄沒有被人掉包，這根本是一場騙局！

記者

騙局？先生，請問你是誰？

我是致力推動全民科學的 AM 博士，我要指出紅月亮番茄根本不存在！

AM 博士你胡說！一定是你昨天混入如月中天集團大廈，把我的紅月亮番茄掉包的！

記者

AM 博士你的指控好嚴重，你有什麼證據嗎？

AM博士

呀……大家只要有科學常識都知道，月球寧靜海地區還在開發階段，從未有人做過實驗證明，可以興建溫室種植！

麥理爸爸

AM 博士你放棄吧，大家聽不明白你在說什麼啊！

施汀

AM 博士！這時候說理論是沒用的。我們用人證吧！你在月球居住的朋友，我們已聯絡到了！ AI DOG，到你出動了！

AI DOG

知道！

連接地月星際通訊系統，啟動虛擬立體會議，投影立體影像！有請——
月球寧靜海大學
月球生命科學學院
豐色女口教授！

記者

她是諾貝爾生物學獎及邵逸夫生命科學與醫學獎得主、**豔如桃李**、**冷若冰霜**的日本女科學家，**豐色女口教授**！

AM博士

你們三個，竟然背着我，擅自聯絡豐色教授嗎？

施汀

博士別發怒啊。我們只是碰運氣試一試。

高鼎

我們在學校萬能網搜尋跟你同年的畢業生、並居於月球的科學家，就發現豐色女口教授的資料了。在月球的雅典娜同學也有幫忙聯絡教授啊！

AM博士

算了！既然她現身了，希望她可向大家解釋。

豐色教授

好。各位地球的朋友好，我是豐色女口……

記者

豐色教授！我是太陽台新聞，敝台一直想邀請妳講解月球種植的最新研究進展，不知意下如何？

豐色教授

請你先閱讀 AM 博士的論文，有了基本認知後才來月球訪問我。如果看不明白，就直接訪問 AM 博士吧！

記者

關於 AM 博士對如月中天集團的指控，你有什麼話要說呢？

豐色教授

我今早派 AI 探測車前往月球寧靜海區如月中天集團地底溫室的註冊地點調查，結果是**一片荒地**，現時根本沒有任何人在月球進行過種植番茄的研究！

麥理爸爸

大家別誤會！集團只是計劃在寧靜海地區建設溫室，現在是空地也很合理……

記者

不對！剛才你明明在台上宣布，集團在月球「成功」培植紅月亮番茄，並不是「計劃」培植啊！

施丹

各位！我們還親眼目睹梁君子走進 AM 博士的研究所，不單假扮仙人掌詐死，還偷去博士的番茄！

高鼎

我們還看見麥理爸爸在如月中天集團大廈相約梁君子，合謀邪惡計劃！

施汀

前一天的磁浮交通大混亂，麥理爸爸就是元兇！是他害我不能上學，上不到最愛的地月藝術課！

記者

三位小朋友，請問你們是誰？今天不用上學嗎？

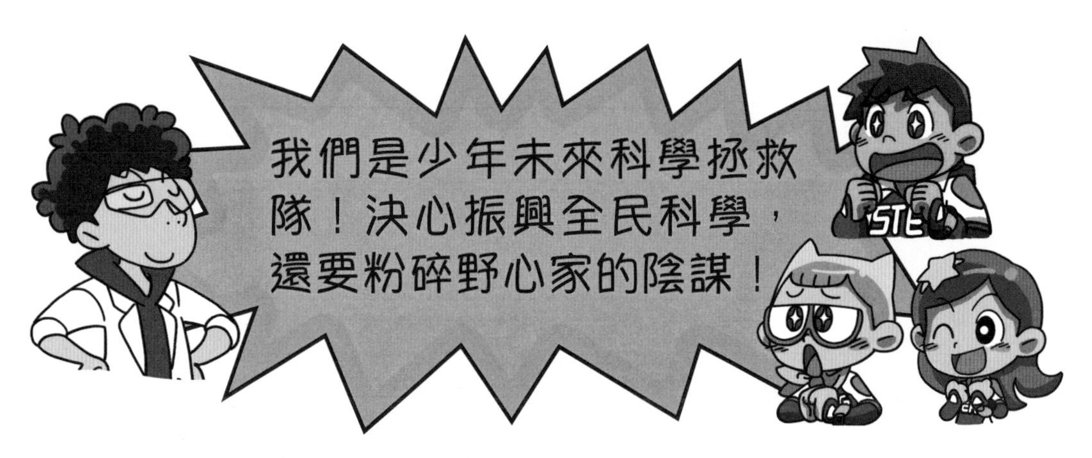
我們是少年未來科學拯救隊！決心振興全民科學，還要粉碎野心家的陰謀！
STE

這時，十名機械警察進入日月地星酒店宴會廳，為首的 B01101 及 B01110 把麥理爸爸和梁君子截停了。

B01101

麥理爸爸，我們在電能輸送裝置附近找到無人機的殘骸，查到是你的專用機。我們現在要控告你涉嫌毀壞、擾亂社會、偽造文書！

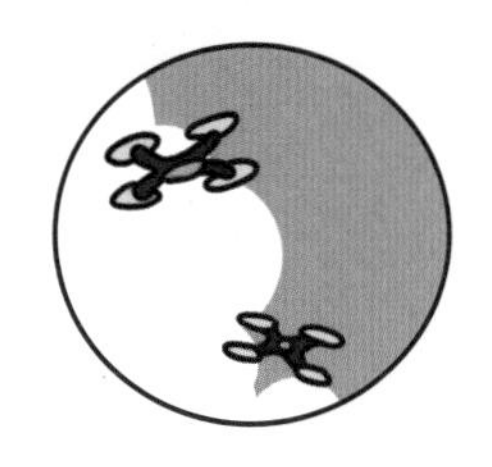

麥理爸爸

什麼？你們竟然查到無人機的登記人是我？

B01101

梁君子，我們雖然在 AM 博士的研究所找不到你的指紋，但你扮作仙人掌時掉下了幾條啡色曲髮。現在拘捕你：涉嫌偷竊 AM 博士的電腦、紅色番茄實驗品及綠色「牛番茄」。

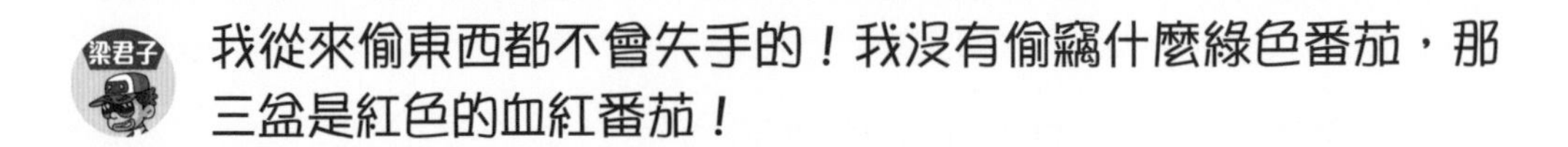

梁君子

我從來偷東西都不會失手的！我沒有偷竊什麼綠色番茄，那三盆是紅色的血紅番茄！

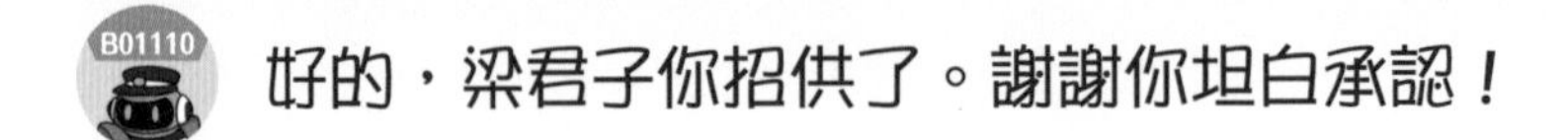

B01110

好的，梁君子你招供了。謝謝你坦白承認！

B01101

AM 博士、少年科學隊，謝謝你們提供了線索，告發麥理爸爸和梁君子，幫忙我們破案！

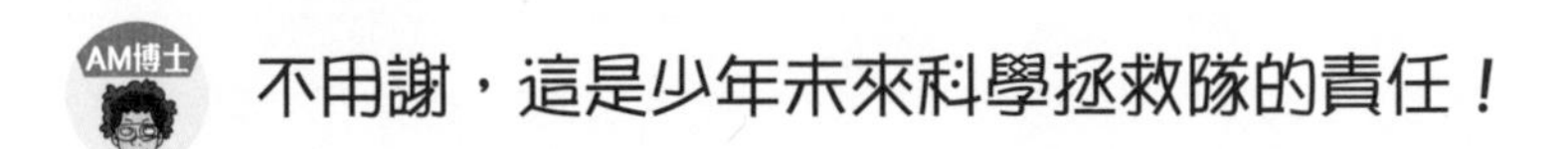

AM博士

不用謝，這是少年未來科學拯救隊的責任！

B01101

好，收隊離開！

他們又再招認了！
梁君子我好後悔找你這個瞎子去偷東西，我要解僱你！
B01101
B01110
我已全部錄音了！
冤枉呀～我明明看清楚是偷了紅色的番茄！

＊＊＊＊＊＊

AM博士

好了，記者羣眾都散去，改向機械警察詢問案情了。大家果然關心罪案多於關心科學啊！

施汀

原來博士你今早這麼忙碌，還準備了證據去報警。

豐色教授

AM 博士，多年沒見了。如果不是這班孩子，我也不知道地球發生了這麼重要的事情。為什麼不儘快聯絡我？

AM博士

我都說隨隨便便打擾別人，不是我的作風。

高鼎

AM 博士、豐色教授，打擾你們一下。我不明白，為甚麼梁君子會把綠色的番茄看成是紅色的？

AM博士

原因很簡單，因為梁君子不知道自己有**紅綠色盲**。

施丹

梁君子是盲的？為什麼他可以活動如常？

AM博士

原來你們對色盲也充滿了迷思。不如由我和豐色教授，一起為你們**拆解色盲科學迷思概念吧！**

豐色教授

色盲的人不是瞎子，也可以看東西，只是不能分辨某些顏色。**紅綠色盲患者是分辨不到紅色和綠色**。

AM 博士
告訴你！

視錐細胞

眼球內的視網膜上布滿視錐細胞，各自負責紅、綠、藍三原光。

如果患者某一顏色的視錐細胞不存在，他對該顏色的感覺就較差。

如果患者是三種色的視錐細胞都無法運作，他就是全色盲，看到的東西都是黑白灰色。而紅綠色盲患者是缺乏紅色視錐細胞或綠色視錐細胞，所以分辨不到紅色和綠色

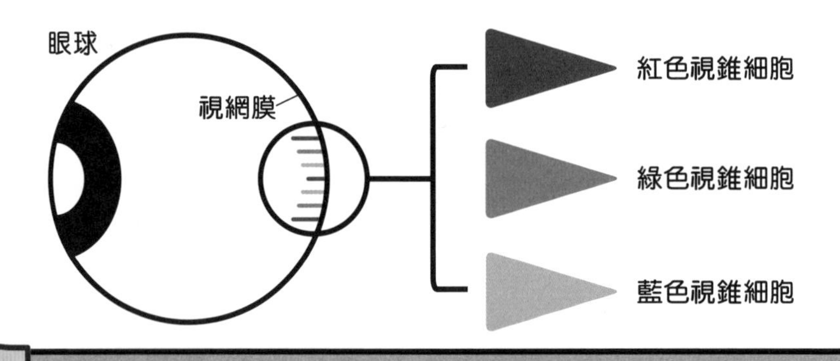
眼球
視網膜
紅色視錐細胞
綠色視錐細胞
藍色視錐細胞

施汀：所以梁君子才會把綠色的番茄看成紅色。那麼，我會不會患上色盲呢？

豐色教授：女隊長你可放心，絕大部分色盲是先天遺傳、並且出現在男性身上居多。不過，如果母親擁有色盲的隱性基因，雖然她沒有色盲，但是她生的兒子有可能是色盲。

高鼎：我還有地方不明白！為什麼剛才台上的綠色番茄被紅光照射後，我們會見到黑色番茄？難道是我們集體色盲了嗎？

AM博士

這個現象跟色盲完全沒關係。就如我昨天說過：

AM 博士
告訴你！

不同顏色的光

白光包含了多種顏色光。我們平日看到番茄是紅色，是因為它表面吸收了白光中大部分顏色的光，只反射紅光進入我們眼睛。

當綠色番茄被白光照射時，它表面只反射綠光進入我們眼睛，而吸收其他所有顏色光（包括紅色光）。所以我們看到它是綠色。

由於梁君子錯誤把綠色番茄放到台上，並以紅色射燈照射。因為它表面會吸收所有紅色光，但沒有任何綠色光可以反射，於是沒有任何光線進入我們眼睛，令我們只看到它是漆黑一片。

高鼎

明白了！剛才似是魔術表演，原來是他們的失誤。

豐色教授

各位隊員，我要準備大學的講課了，你們還有疑問嗎？

施汀

我還有疑問！嘻嘻……教授你懂得「但願人長久，千里共嬋娟」這首宋詞嗎？

AM博士連這個也有跟你們說嗎？讓他自己答吧。AM博士這麼熱心向你們傳授科學知識，我明白他不願意到月球的原因了。各位隊員，有機會再見！

AM博士
呼～豐色教授終於走了，不知怎的，跟她說話總有點不自然，恐防說錯話……

施汀
博士我看你是跟豐色教授久別重逢，好感動吧！

AM博士
你別亂說！

施丹
呀！今次糟糕了！

高鼎
你想起什麼事？我們今次明明任務成功啊！

施丹
我們今早只是跟爸爸媽媽和老師說，今日是以學生記者的身分去尋找發明大賽的靈感，才得到特別批准不用回校的……

施汀
呀！剛才有這麼多記者和攝影機，我們少年科學隊隆重登場的場面，一定被所有人看到了！怎麼辦？

AM博士
哈哈！看來少年未來科學拯救隊首先要拯救自己，不如你們再聯絡豐色教授，請求她為你們求情吧！

第一冊《血紅番茄爭奪戰》· 完

AM 博士
實驗室

色弱 / 色盲小測試

可以在家中試試啊！

1. 觀察顏色筆

所需工具：以下圖片

a. 一般情況：

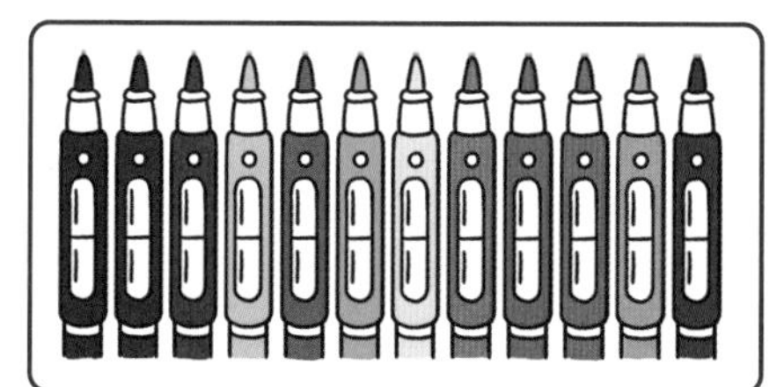

b. 綠色弱 / 色盲情況：

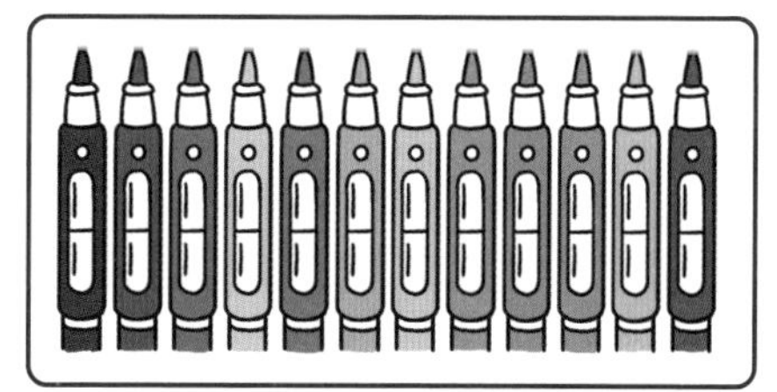

c. 紅色弱 / 色盲情況：

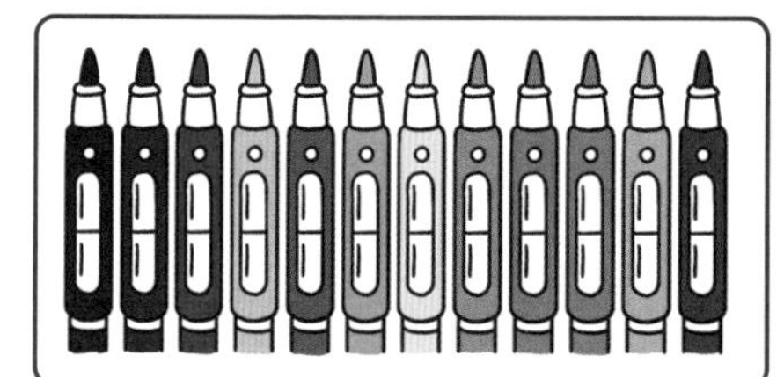

d. 藍色弱 / 色盲情況：

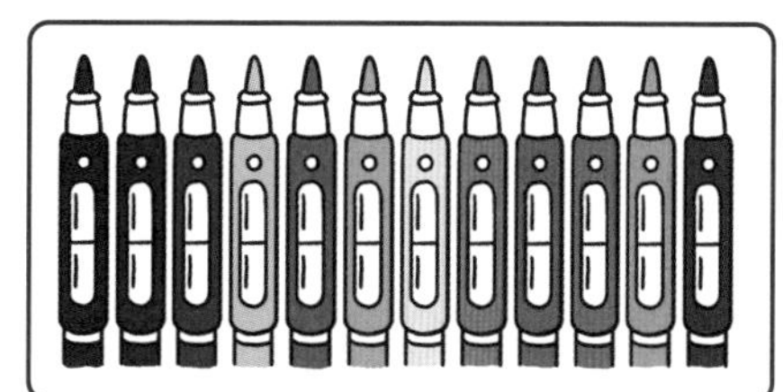

目的：感受色盲人士的視覺。

2. 色盲測試

所需工具：石原氏色盲檢測圖

上網搜尋「石原氏色盲檢測圖」的圖片，看看能否分辨出圖中的數字，測試自己有沒有色盲的情況。

目的：測試自己是否有色盲的情況。

（如對自己的視覺有疑問，請詢問醫生或專業人士。）

破解迷思概念挑戰題答案

1.「槓桿」迷思概念

A. 非；B. 是；C. 是；D. 是；E. 非

2.「呼吸」迷思概念

A. 非；B. 非；C. 非；D. 非；E. 是；F. 非

3.「呼吸作用與光合作用」迷思概念

A. 非；B. 是；C. 非；D. 非；E. 是；F. 是

大家來檢查每一章節挑戰題的答案吧！最重要是求真的精神。

4.「光的反射」迷思概念

A. 非；B. 是；C. 非；D. 非；E. 是；F. 是

5.「月亮盈虧」迷思概念

A. 非；B. 是；C. 非；D. 是；E. 非；F. 非；G. 是

6.「珊瑚」迷思概念

A. 非；B. 是；C. 非；D. 是；E. 是；F. 非；G. 非

7.「味覺」迷思概念

A. 非；B. 是；C. 是；D. 非；E. 非；F. 是；G. 是

8.「聲音傳播」迷思概念

A. 是；B. 是；C. 是；D. 是；E. 非；F. 非；G. 非；H. 非；I. 是

如果百思不得其解，就把那一章節再看一遍，重新挑戰吧！

9.「彩虹」迷思概念

A. 非；B. 非；C. 非；D. 是；E. 非；F. 是

10.「色盲」迷思概念

A. 非；B. 是；C. 非；D. 非；E. 是；F. 是；G. 是